科学出版社"十四五"普通高等教育本科规划教材

光学设计仿真实验指导

王　恺　徐琳琳　著

科　学　出　版　社

北　京

内 容 简 介

本书主要介绍在新型显示、半导体照明、镜头设计等领域中较为常用的非成像光学和成像光学设计算法与方法,内容包括两部分.第一部分为非成像光学设计,有四个实验案例,分别为均匀光场单自由曲面透镜设计、均匀光场自由曲面透镜阵列设计、显示背光均匀照明设计和道路均匀照明设计.第二部分为成像光学设计,有五个实验案例,分别为单透镜优化设计、柯克三片式摄影物镜设计、显微镜设计、变焦镜头设计和全息光波导设计.实验所使用的建模仿真软件有六种,分别为数学建模软件MATLAB,光学设计软件 Zemax、SeeOD、TracePro 和 DIALux,以及三维构造软件 SolidWorks.本书通过科学研究和工程应用中较前沿的光学设计案例分析与设计实践,使学生掌握非成像光学和成像光学设计算法与方法,培养学生解决光学设计问题的重要能力,为以后从事光电子科学与技术领域的科学研究工作、工程技术工作以及开拓新技术领域奠定基础.

本书适用于高等院校光电信息科学与工程、光学工程、电子科学与技术等相关专业学生,同时也可以作为相关专业的教师和科技工作者的参考书.

图书在版编目(CIP)数据

光学设计仿真实验指导 / 王恺,徐琳琳著. -- 北京:科学出版社,2025. 2. -- (科学出版社"十四五"普通高等教育本科规划教材). ISBN 978-7-03-080737-3

Ⅰ.TN202

中国国家版本馆 CIP 数据核字第 20241FC521 号

责任编辑:罗吉 龙嫚嫚 孔晓慧/责任校对:杨聪敏

责任印制:师艳茹 / 封面设计:无极书装

科 学 出 版 社 出版

北京东黄城根北街 16 号
邮政编码:100717
http://www.sciencep.com

三河市骏杰印刷有限公司印刷

科学出版社发行 各地新华书店经销

*

2025 年 2 月第 一 版 开本:720×1000 1/16
2025 年 2 月第一次印刷 印张:12 1/4
字数:247 000

定价:49.00 元

(如有印装质量问题,我社负责调换)

前　　言

　　人类对外界信息有近 80%是通过视觉获得的，因此均匀照明和清晰成像成为人们对光学系统的两大主要需求. 近年来，非成像光学设计在新型显示、半导体照明等国家战略性新兴产业的发展中扮演着重要的角色，而成像光学设计在手机镜头、VR/AR（虚拟现实/增强现实）等领域也起着重要的作用. 本书拟通过科学研究和工程应用中较前沿的光学设计案例分析与设计实践，使学生掌握非成像光学和成像光学设计算法与方法，培养学生解决光学设计问题的重要能力，为以后从事光电子科学与技术领域的科学研究工作、工程技术工作以及开拓新技术领域奠定基础.

　　本书的实验案例根据作者在光学设计领域多年的科研和教学经验整理而来，注重基本理论和实践的统一和融合. 本书内容包括两部分. 第一部分为非成像光学设计，有四个实验案例，分别为均匀光场单自由曲面透镜设计、均匀光场自由曲面透镜阵列设计、显示背光均匀照明设计和道路均匀照明设计. 第二部分为成像光学设计，有五个实验案例，分别为单透镜优化设计、柯克三片式摄影物镜设计、显微镜设计、变焦镜头设计和全息光波导设计. 所使用的建模仿真软件有六种，分别为数学建模软件 MATLAB，光学设计软件 Zemax、SeeOD、TracePro 和 DIALux，以及三维构造软件 SolidWorks. 部分图片配有高清彩图，其图号用浅色底纹标记，如"图2.14"，可通过扫描案例首页的二维码获取.

　　当前的光学设计涉及面广、应用性强，是光学、光电、计算机等领域的深度结合. 鉴于本书的作者能力有限，所设计的实验案例在内容上和设计细节上难免有不妥和不足之处，恳请读者批评指正.

王恺　徐琳琳

2024 年 5 月 30 日

目　　录

第一部分　非成像光学设计

　　本部分包含四个非成像光学设计实验案例，依次为均匀光场单自由曲面透镜设计、均匀光场自由曲面透镜阵列设计、显示背光均匀照明设计和道路均匀照明设计. 每个实验设计详细给出了实验背景、设计原理和设计步骤. 其中，均匀光场单自由曲面透镜设计和均匀光场自由曲面透镜阵列设计主要结合自由曲面光学设计算法，详细介绍了实现 LED 照明均匀光场的自由曲面透镜设计原理和实现方法. 在显示背光均匀照明设计实验中，采用了 LED 光源作为背光源，详细分析了导光板的微结构对出光均匀度的影响. 同时，在道路均匀照明设计实验中，从路面照度和亮度来综合分析不同 LED 路灯的道路照明效果.

案例 1　均匀光场单自由曲面透镜设计

1.1　均匀光场单自由曲面透镜发展及应用背景介绍

发光二极管(light emitting diode，LED)作为新一代的照明光源，具有光效高、功耗低、寿命长和绿色环保的优点，这将改变人们的照明理念以及整个照明产业. 基于 LED 的半导体照明产业是国家战略性新兴产业之一，意义重大，"十三五"期间我国半导体照明产业整体产值达近 1 万亿元. 随着 LED 照明不断普及，人们越来越注重 LED 的照明质量，除了类太阳光的光谱分布之外，主要体现在要求更高的光效和更准确的光能量空间分布控制.

在 LED 照明应用中，在不同的照明场合，均匀照明往往是非常重要的，各种照明标准中都有关于照度均匀度的要求. 照度均匀度高会给人们提供一个舒适、柔和的照明空间；反之，不均匀的照明会造成视觉疲劳，同时将可能引起不舒适感. 因此，在照明灯具的设计中，照度均匀度是必不可少的一项指标. 最常见的白光 LED 封装器件的光强空间分布是朗伯型(Lambertian)配光，即其光强空间分布满足余弦分布，这样的光场分布，如果不经过合适的光学系统处理而直接应用，难以满足照明灯具所需要达到的性能指标. 因此，对以 LED 为光源的照明系统进行二次光学设计是十分必要的. 自由曲面光学技术是一种新兴的 LED 照明光学技术，其优势在于具有较高的设计自由度和准确的光型控制. 因此，自由曲面光学技术在 LED 照明领域显得尤为重要. 自由曲面光学技术作为一种有效的光学调控技术，除了可以实现均匀照明外，还可以针对不同的应用场景来灵活设计自由曲面透镜以得到不同形状的照明光斑. 因此，近年来自由曲面透镜设计在 LED 照明中得到了广泛应用. 目前，在 LED 照明灯具中，圆形光斑的 LED 照明灯具应用广泛，如 LED 筒灯、LED 球泡灯等；同时，在直下式 LED 背光、室内照明、商业照明等应用中，目标平面的照明效果通常也是通过多个圆形光斑叠加而成的. 本实验以圆形照明光斑为例，详细介绍均匀光场单自由曲面透镜设计的原理和步骤.

1.2　均匀光场单自由曲面透镜设计实验

【实验目的】

(1)掌握面向 LED 照明圆形均匀光斑应用的单自由曲面透镜的设计原理和方法，并掌握使用 MATLAB 软件实现自由曲面计算的方法；

(2)掌握使用 TracePro 光学设计软件[①]和 Zemax 光学设计软件[②]对所设计的自由曲面透镜进行光学仿真和评估的方法.

【实验要求】

(1)光源为具有朗伯型光强空间分布的 LED 光源，其长、宽、高分别为 1mm、1mm、0.1mm.

(2)自由曲面透镜的全发光角度为 120°，照明光斑形状为圆形.

(3)距离自由曲面透镜 1m 处的目标平面上光斑的照度均匀度不低于 0.9. 按照相关照明标准，照度均匀度有 E_{min}/E_{ave} 和 E_{min}/E_{max} 两种计算方法. 本实验中由于光斑未填充满整个目标平面，因此采用 E_{min}/E_{max} 的计算方法.

(4)透镜材料采用折射率为 1.49 的 PMMA(聚甲基丙烯酸甲酯)材料，透镜中心高度为 7.0 mm.

【实验原理和步骤】

圆对称均匀光场自由曲面透镜设计示意图如图 1.1 所示. 该照明系统由 LED 光源、自由曲面透镜以及目标平面三部分组成. 由于 LED 光源的光能量空间分布相对 LED 的光轴来说具有旋转对称性，故 LED 光源采用极坐标系 (γ, θ, ρ) 描述；为方便计算自由曲面透镜的表面曲线，透镜与目标平面采用笛卡儿坐标系 (x, y, z) 描述. 从 LED 光源 $S(\gamma, \theta, \rho)$ 发出的光线 I 入射到自由曲面透镜外表面上一点 $P(x, y, z)$，经透镜折射后变为出射光线 O 照射到目标平面上 $Q(x, y, z)$ 点. 其中入射光线 I 的方向为从 S 点指向 P 点，出射光线 O 的方向为从 P 点指向 Q 点. 因此，如果能够建立起入射光线 I 与出射光线 O 之间的一一对应关系，则根据边缘光线原理(edge-ray

---

① TracePro 光学设计软件是美国 Lambda Research 公司开发的一款用于照明系统、光学分析、辐射度分析及光度分析的光学仿真软件. 它集成了蒙特卡罗光线跟踪、高级分析功能、CAD 导入/导出功能、交互式序列编辑器和复杂的优化方法，适用于多种光学设计.

② Zemax 光学设计软件是美国 Zemax 公司开发的一款利用光线追迹的方法模拟折射、反射、衍射、偏振的各种序列或非序列光学系统的光学设计和仿真软件，该软件能提供符合工业标准的分析、优化、公差分析功能，实现快速、准确的光学成像及照明设计.

principe)、斯涅尔定律(Snell law)和自由曲面构造算法就可以求得 P 点的坐标及其法向矢量，从而可以计算出整个自由曲面透镜的表面曲线.

　　圆对称均匀光场自由曲面透镜的设计可以分为三步：第一步，将 LED 光源划分为 N 份等光通量的能量单元，同时将目标平面也划分为 N 份等面积的面积单元，建立两者之间的能量映射关系；第二步，计算自由曲面透镜上点的坐标与法向矢量，构造自由曲面透镜；第三步，通过光线追迹模拟验证透镜设计结果，如不满足要求，对一些参数(如划分数目 N、LED 光源模块位置等)进行反馈优化，直至得到满足要求的结果，完成设计. 算法整体设计流程如图 1.2 所示.

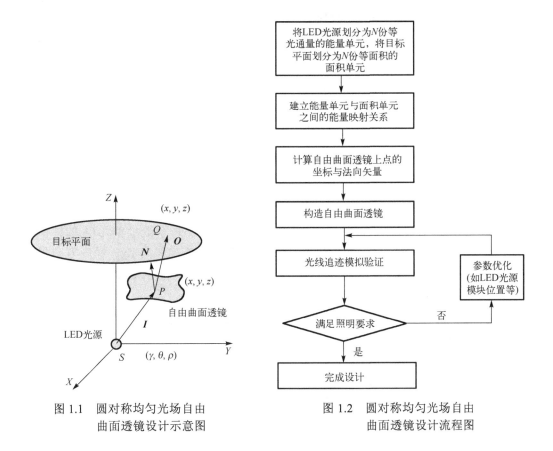

图 1.1　圆对称均匀光场自由
曲面透镜设计示意图

图 1.2　圆对称均匀光场自由
曲面透镜设计流程图

1. 建立 LED 光源与目标平面之间的能量映射关系

首先将 LED 光源的光能量空间分布划分为 N 份等光通量的能量单元，每个能量单元的光通量为 Φ_0；同样，将目标平面也划分为 N 份等面积的面积单元，每个面积单元的面积为 S_0. 如图 1.3 所示，如果能够将能量单元与面积单元建立一一映射的关系，每个能量单元上的光通量能够照射到所对应的面积单元上，则在每个面积单元上的平均照度都为 $E_0 = \eta \Phi_0 / S_0$，其中 η 为自由曲面透镜效率(在本实验的自由曲面透镜设计中，考虑到极少的材料吸收损耗与菲涅耳损耗，故 η 取值近似为 0.95). 因此，当 N 很大时，即当每个面积单元的面积与整个目标平面相比非常小时，可以实现目标平面上的均匀照明.

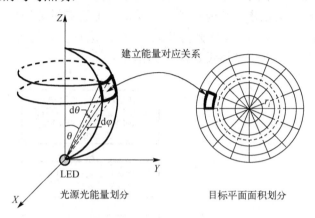

图 1.3　LED 光源与目标平面之间的能量映射关系示意图

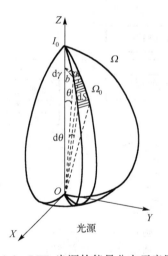

图 1.4　LED 光源的能量分布示意图

先进行 LED 光源的等光通量划分. 如图 1.4 所示，LED 光源的能量空间分布 Ω 可以看作由多个锥状能量单元 Ω_0 所组成，每个能量单元 Ω_0 的体积代表了 LED 光源在纬度方向张角 $d\gamma$、经度方向张角 $d\theta$ 范围内的光通量. 能量单元 Ω_0 的光通量 Φ_0 计算如式(1-1)所示：

$$\Phi_0 = \int I(\theta)\,d\omega \qquad (1\text{-}1)$$

其中，$I(\theta)$ 为 LED 光源的配光曲线，$d\omega$ 为空间立体角. 在图 1.4 中，点光源位于坐标原点 O，在光源能量空间分布 Ω 上，一块小面积 dS 对点 O 构成的空间立体角 $d\omega$ 为

$$d\omega = \frac{dS}{\rho^2} \qquad (1\text{-}2)$$

其中，ρ 为小面积 dS 与点 O 的间距. 小面积的位置由空间极坐标 γ、θ 与 ρ 决定，面积则由其边长 a 和 b 决定，由图可知

$$a = \rho \sin\theta\, d\gamma \qquad (1\text{-}3)$$

$$b = \rho \mathrm{d}\theta \tag{1-4}$$

因而 $\mathrm{d}\omega$ 为

$$\mathrm{d}\omega = \frac{\mathrm{d}S}{\rho^2} = \frac{ab}{\rho^2} = \frac{\rho^2 \sin\theta \mathrm{d}\theta \mathrm{d}\gamma}{\rho^2} = \sin\theta \mathrm{d}\theta \mathrm{d}\gamma \tag{1-5}$$

将式(1-5)代入式(1-1)，则有

$$\varPhi_0 = \int I(\theta)\,\mathrm{d}\omega = \int_{\gamma_1}^{\gamma_2} \mathrm{d}\gamma \int_{\theta_1}^{\theta_2} I(\theta)\sin\theta \mathrm{d}\theta \tag{1-6}$$

如图 1.3 所示,考虑到本设计中 LED 光源能量分布与目标平面均具有圆对称性,因此能量单元可以进一步扩大为圆环状能量单元，即 $\gamma_1=0$，$\gamma_2=2\pi$，$\varPhi_0$ 则为

$$\varPhi_0 = \int_0^{2\pi} \mathrm{d}\gamma \int_{\theta_1}^{\theta_2} I(\theta)\sin\theta \mathrm{d}\theta = 2\pi \int_{\theta_1}^{\theta_2} I(\theta)\sin\theta \mathrm{d}\theta \tag{1-7}$$

这里需要特别指出的是，LED 光源的配光曲线 $I(\theta)$ 为朗伯型，因而有

$$I(\theta) = I_0 \cos\theta \tag{1-8}$$

其中，I_0 为配光曲线中心的光强.

根据图 1.4 以及式(1-7)可知，当计算 LED 光源的总光通量时，$\theta_1=0$，$\theta_2=\pi/2$，因而总光通量 $\varPhi_{\text{total}}$ 为

$$\varPhi_{\text{total}} = 2\pi \int_0^{\pi/2} I(\theta)\sin\theta \mathrm{d}\theta \tag{1-9}$$

本设计中将能量单元的光通量设为 LED 光源总光通量的 $1/N$，根据式(1-7)与式(1-9)可以得到

$$2\pi \int_{\theta_i}^{\theta_{i+1}} I(\theta)\sin\theta \mathrm{d}\theta = \frac{2\pi}{N} \int_0^{\pi/2} I(\theta)\sin\theta \mathrm{d}\theta \quad (i = 0,1,\cdots,N-1;\ \theta_0 = 0) \tag{1-10}$$

其中，θ_i 为等分 LED 光源光通量的出射光线角度. 已知 $\theta_0=0$，因此根据迭代计算的方法可以容易地求得每一个等分角度 θ_i 以及两等分角度之间的夹角 $\Delta\theta_{i+1}$，有

$$\Delta\theta_{i+1} = \theta_{i+1} - \theta_i \quad (i = 0,1,\cdots,N-1) \tag{1-11}$$

至此，LED 光源的能量空间分布已经被等分为 N 份等光通量的圆环状能量单元，并且每一个等分角 θ_i 也已经求得.

接下来将圆形目标平面也划分为 N 份等面积的面积单元 S_0. 设所设计自由曲面透镜的发光角度为 α，LED 光源与目标平面的距离为 d，则目标平面的半径 R 为

$$R = d \tan\alpha \tag{1-12}$$

同时，如图 1.3 所示，圆环状能量单元在目标平面上对应的也为圆环状面积单元. 共有 N 个圆环状面积单元，设每个圆环的半径为 r_i（i=0, 1,…, $N-1$），其中 r_0 代表圆形目标平面中心点的半径，r_0=0. 因此每个圆环状面积单元的面积 S_0 为

$$S_0 = \pi r_{i+1}{}^2 - \pi r_i{}^2 = \frac{\pi R^2}{N} \quad (i=0,1,\cdots,N-1;\ r_0=0) \tag{1-13}$$

可以计算得到每个圆环半径 r_i 为

$$r_i = R\sqrt{\frac{i}{N}} \quad (i=0,1,\cdots,N) \tag{1-14}$$

至此，圆形目标平面已经划分为 N 份等面积的圆环状面积单元 S_0，同时每个圆环的半径 r_i 也已经求得.

下面将建立 LED 光源与目标平面之间的能量映射关系. 根据上文的等能量与等面积划分，界定每个能量单元的两边缘光线出射角度 θ_i 与 θ_{i+1} 已经求得，同时界定每个面积单元的两半径值 r_i 与 r_{i+1} 也已经求得. 根据边缘光线原理，即从光源单元边缘发出的光线，经过光学系统后，如照射到目标平面单元的边缘位置，则两边缘光线之间的光线将都照射到目标平面单元上. 因此，如果希望将能量单元中的光能量照射到对应的面积单元上，则需要确保能量单元的边缘光线能够投射到对应的面积单元的边缘位置. 因此，光源出射的角度为 θ_i 与 θ_{i+1} 的光线经过自由曲面透镜折射后，需要分别投射到目标平面半径为 r_i 与 r_{i+1} 的位置，这样，就建立了 LED 光源与目标平面之间的能量映射关系.

2. 构造自由曲面透镜

由于光源的空间能量分布具有圆对称性，并且所要求的照明光斑为圆形光斑，所设计的自由曲面透镜也应具有圆对称结构. 因此只需要计算出自由曲面透镜的表面自由曲线，然后将曲线围绕中心轴旋转就可以构造出完整的自由曲面透镜. 接下来将主要考虑二维平面内自由曲线的设计. 构造圆对称自由曲面透镜的设计步骤如下：

（1）确定自由曲面透镜顶点 P_0.

如图 1.5 所示为自由曲线构造示意图，顶点 P_0 (0, 0, z_0) 为自由曲线 C_0 上的第一个点，位于光源中心轴上，P_0 点的法向矢量 N_0 方向竖直向上. 此外，P_0 点与光源之间的距离确定了透镜的高度 z_0. 根据通常 LED 封装模块的体积大小，自由曲面透镜的高度一般在 6mm 与 10mm 之间.

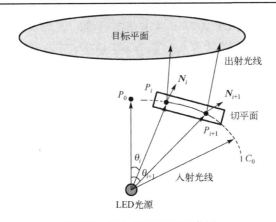

图 1.5　自由曲线构造示意图

（2）计算自由曲线 C_0 上第二个点 P_1．

P_1 点为入射角度为 θ_1 的光线与过顶点 P_0 的切平面之间的交点．由于 P_0 点法向矢量 N_0 竖直向上，其切平面与 N_0 相互垂直，为一水平面，因此 P_1 点的高度与 P_0 点一样，坐标为 $(x_1, 0, z_0)$．根据之前所确定的能量映射关系，入射角度为 θ_1 的光线经过 P_1 点折射后应该投射到目标平面上半径为 r_1 的位置，设该点为 Q_1．因此可以得到入射光线 $\boldsymbol{I}_1$ 的方向为 $\overrightarrow{O_1P_1}$，经过 P_1 点后对应的出射光线 $\boldsymbol{O}_1$ 的方向为 $\overrightarrow{P_1Q_1}$．根据斯涅尔定律（式(1-15)），可以求得 P_1 点的法向矢量 N_1．

$$[1 + n^2 - 2n(\boldsymbol{O} \cdot \boldsymbol{I})]^{1/2} \boldsymbol{N} = \boldsymbol{O} - n\boldsymbol{I} \tag{1-15}$$

其中，$\boldsymbol{I}$ 与 $\boldsymbol{O}$ 分别为入射光线与出射光线的单位矢量，$\boldsymbol{N}$ 为折射点的单位法向矢量，n 为入射光所在光学介质折射率与出射光所在光学介质折射率之比，由于空气的折射率近似为 1，因此这里 n 即为透镜材料的折射率．

（3）计算自由曲线 C_0 上后续点 P_i．

同样地，通过求入射角度为 θ_2 的光线与经过 P_1 点的切平面之间的交点，可以得到 P_2 点的坐标 $(x_2, 0, z_0)$．以此类推，我们可以根据入射角度为 θ_i 的光线 $\boldsymbol{I}_i$ 与经过 P_{i-1} 点的切平面之间的交点，求得 P_i 点的坐标，并根据能量映射关系与斯涅尔定律求出 P_i 点的法向矢量．这样自由曲线 C_0 上所有点的坐标与法向矢量都可求得．

（4）构造自由曲面透镜．

利用三维构造软件 SolidWorks 将上一步得到的自由曲线 C_0 进行旋转、切除等操作，便可以得到圆对称自由曲面透镜的三维结构．

3.　透镜计算和仿真验证

1）计算自由曲面透镜的表面自由曲线

根据上文中自由曲面透镜的表面自由曲线的计算原理和方法，以及实验要求，利用数学计算软件 MATLAB 计算出自由曲面透镜的表面自由曲线, 详细参考代码如下(本实验中, 光通量的能量单元份数 N 取 1000).

```
N=1000;
d=100;
n=1.49;
T = zeros(0,N+1);
T(1) = 0;
R=d*tan(pi/3);
r = zeros(0,N+1);
r(1) = 0;
for i=2:N+1
    T(i) = acos(cos(2*T(i-1))-2/N)/2;
end
for j=2:N+1
    r(j)=R*((j-1)/N)^0.5;
end
Nx=0;
Ny=1;
x = zeros(0,N+1);
x(1)=0;
y=zeros(0,N+1);
y(1)=0.7;
for k=2:N+1
    x(k)=((Nx/Ny)*x(k-1)+y(k-1))/(tan(pi/2-T(k))+(Nx/Ny));
    y(k)=tan(pi/2-T(k))*x(k);
    ox=cos(atan((d-y(k))/(r(k)-x(k))));
    oy=sin(atan((d-y(k))/(r(k)-x(k))));
    ix=sin(T(k));
    iy=cos(T(k));
    Nx=(ox-n*ix)/((1+n^2-2*n*(ox*ix+oy*oy))^0.5);
    Ny=(oy-n*iy)/((1+n^2-2*n*(ox*ix+oy*oy))^0.5);
end
plot(x,y);
```

所计算的自由曲线如图 1.6 所示.

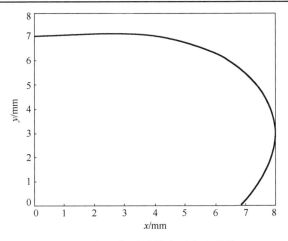

图 1.6   自由曲面透镜表面自由曲线

2) 构造自由曲面透镜

将上步计算得到的自由曲线数据 (txt 格式) 导入三维构造软件 SolidWorks 中, 利用软件中的 "旋转凸台/基体" 选项, 将自由曲线旋转得到自由曲面透镜的三维结构. 由于透镜将与 LED 配合使用, 因此还应利用 SolidWorks 中的 "旋转切除" 选项在透镜底部构造出一凹腔, 其表面应为球面. 为了保证位于球心位置的 LED 发出的光经过透镜内表面后方向基本不改变, 所构造的球面凹腔的半径应不小于 3mm. 将所构造的自由曲面透镜零件以 SAT 格式或者 PRT 格式的文件导出. 图 1.7 和图 1.8 分别为利用 SolidWorks 软件最终得到的自由曲面透镜的正视图和仰视图, 其中底部半球凹腔的半径为 5mm.

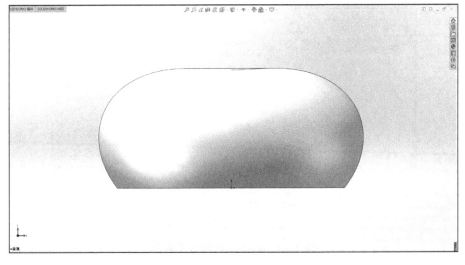

图 1.7   自由曲面透镜正视图

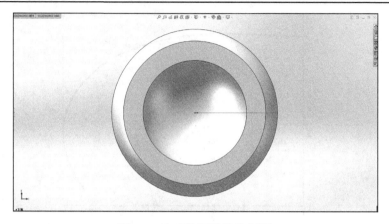

图 1.8　　自由曲面透镜仰视图

3) 自由曲面透镜光学仿真计算

A．使用 TracePro 光学设计软件对自由曲面透镜进行仿真计算

第一步，照明系统建模.

导入透镜与透镜设置. 打开 TracePro 软件，初始界面如图 1.9 所示，将上步中导出的 SAT 格式或者 PRT 格式的自由曲面透镜零件导入 TracePro 软件中，将导入的透镜重命名为 Lens（重命名的方法为，在软件界面左侧模型栏中双击导入的透镜，即可重新输入名字 Lens）. 然后，将所导入的自由曲面透镜的材料设置为 PMMA 材质（设置方法为，在软件界面左侧模型栏中选中 Lens，右击选择属性选项，打开"应用特性"窗口，在窗口的"材料"一栏中选择 Plastic 分类中的 pmma（即 PMMA 材质），然后单击"应用"即可，设置步骤如图 1.10 所示）.

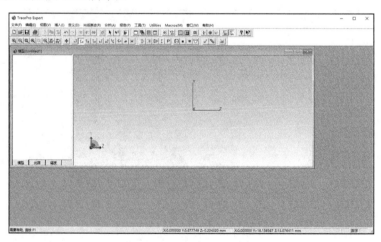

图 1.9　　TracePro 软件初始界面

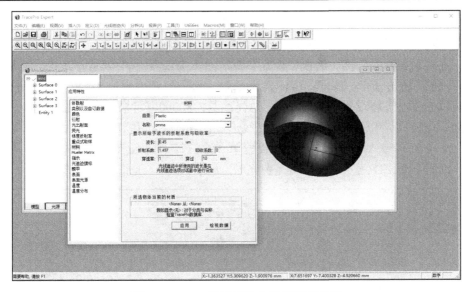

图 1.10　Lens 材料属性参数设置示意图

设置 LED 光源. 在自由曲面透镜底部中心的位置设置简化的 LED 光源模型. LED 光源的长、宽、高分别为 1mm、1mm、0.1mm；LED 光源的中心与自由曲面透镜底部中心重合，其长、宽所在的面平行于透镜底部平面，具体设置方式为，在软件 "插入" 栏里选择几何物件中的方块模型，并将其命名为 LED，将其在 X 和 Z 方向的长度分别设置为 1mm，Y 方向的长度设置为 0.1mm，其中心坐标设置为 $(0, 0, 0)$，然后单击 "插入" 即可，设置步骤如图 1.11 所示.

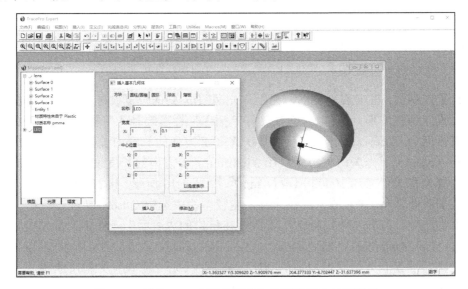

图 1.11　简化 LED 光源的形状与位置设置方法示意图

作为简化的 LED 光源模型示例,本实验中 LED 的发光面(Surface 4)的详细参数设置如下(设置方式为,单击选中 Surface 4,然后右击选择属性选项,打开"应用特性"窗口,在"表面光源"这一选项中设置参数,如图 1.12 所示).发射形式:光通量.单位:辐度学.场角分布:Lambertian 发光场型.光通量(辐度学):0.5W(也可以根据实际情况以光度学进行设置,单位 lm).总光线数:800000(可根据实际情况而定,一般在 100000 条以上,以获得较为准确的光线追迹计算结果).仿真计算的波长,如是单色光 LED,则可以导入光谱,或者近似设置单一波长(例如设置蓝光 LED 波长在 450nm处),如是白光 LED(蓝光 LED+黄光荧光粉),则可以导入光谱进行计算.

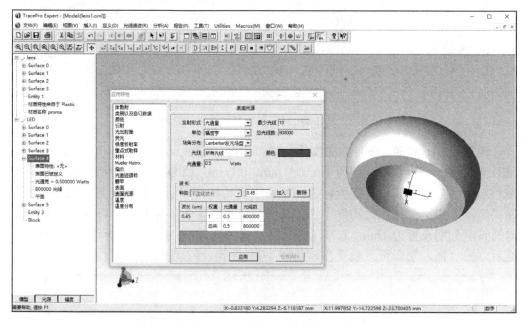

图 1.12　简化 LED 光源的发光面参数设置示意图

设置观察面. 根据实验要求,在距离光源 1m 处的位置设置观察面,本实验中观察面设置为正方形,设置方式为在软件"插入"栏里选择几何物件中的方块模型,并将其命名为 Observation screen,将其在 X 和 Z 方向的长度均设置为 3700mm(略大于实验要求的照明光斑的圆边界直径 3464mm),Y 方向的长度设置为 1000mm,其中心位置坐标设置为(0,1000,0)(单位 mm),如图 1.13 所示.接着,将观察面整体设置为完美吸收体(设置方法为,在软件左侧模型栏中选中 Observation screen,右击,选择属性选项,打开"应用特性"窗口,在窗口的"表面"一栏中选择完美吸收体选项(Perfect Absorber),然后单击"应用"按钮即可,如图 1.14 所示),以便仿真计算结束后观察和分析观察面上的照度分布特性.若光源设置为辐度学模式,则观测到辐照度;若光源设置为光度学模式,则观测到光照度.

图 1.13　观察面参数设置窗口

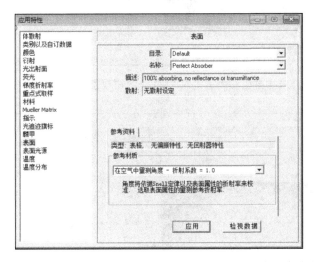

图 1.14　将 Observation screen 观察面整体设置为完美吸收体窗口

第二步，仿真计算.

选择软件顶部菜单栏中的光线追迹(R)子菜单栏中的"开始光线追迹(T)…"选项进行仿真计算. 图 1.15 所示为未加自由曲面透镜时 LED 光源在观察平面上的辐照度分布，图 1.16 所示为添加自由曲面透镜时 LED 光源在观察平面上的辐照度分布. 可见未加自由曲面透镜时，观察平面上的辐照度分布极其不均匀；加自由曲面透镜后，观察平面上的辐照度均匀度显著提升. 经计算，添加自由曲面透镜后，观察平面上圆形光斑上的最小辐照度 $E_{\min}$ 为 0.047W/m², 最大辐照度 $E_{\max}$ 为 0.052W/m², 进而计算得到观察平面上的辐照度均匀度 $(E_{\min}/E_{\max})$ 为 0.904，满足实验要求的不低于 0.9. 如最终计算得到的辐照度均匀度不满足实验要求，则需要对一些参数(如光通量单元划分数目 N、自由曲面透镜底部凹腔半径等)进行调整，直至得到满足要求的结果，方可完成设计.

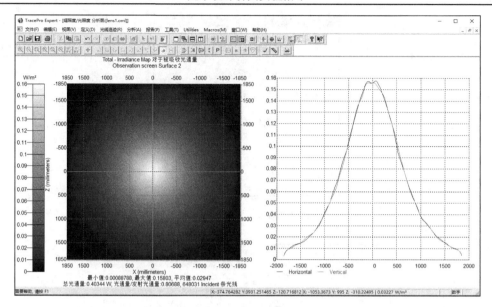

图 1.15　未加自由曲面透镜时 LED 光源在观察平面上的辐照度分布

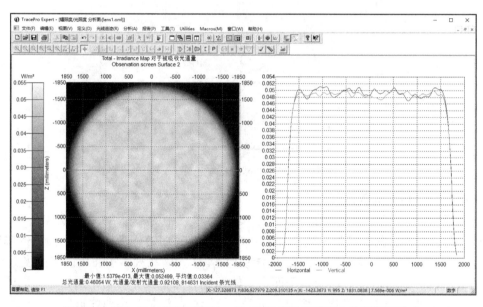

图 1.16　添加自由曲面透镜时 LED 光源在观察平面上的辐照度分布

B. 使用 Zemax 光学设计软件对自由曲面透镜进行仿真计算

第一步，照明系统建模.

打开 Zemax 光学设计软件，初始界面如图 1.17 所示. 软件的初始仿真界面为序列模式，该模式下以仿真成像光学系统为主. 序列模式下的界面介绍见本书第二部分的内容, 此处不赘述. 本案例为照明系统的仿真, 故需要切换至非序列仿真模式. 在软件顶部的设置菜单栏中选择"非序列模式", 相应的初始界面如图 1.18 所示.

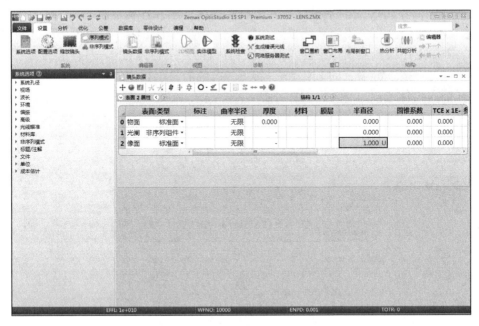

图 1.17　Zemax 光学设计软件初始界面

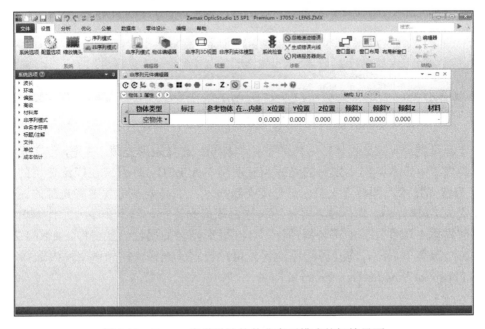

图 1.18　Zemax 光学设计软件非序列模式的初始界面

在如图 1.18 所示的非序列模式仿真界面中,顶部为菜单栏,菜单栏下方的左侧为特别列出的系统选项,便于对所设计系统进行基本信息(如工作波长、元件材料和系统参数单位等)的设置. 菜单栏下方的右侧为非序列元件编辑器,用于建模照明系统. 在本案例中,整个照明系统按照功能划分,有三个元件,即光源、透镜和探测器,故需要先在编辑器窗口中插入两个空物体(插入空物体的方法 1:单击第一行空物体以选定,按下键盘上的 Insert 键. 方法 2:单击第一行空物体以选定,右击,然后选择插入物体选项),如图 1.19 所示.

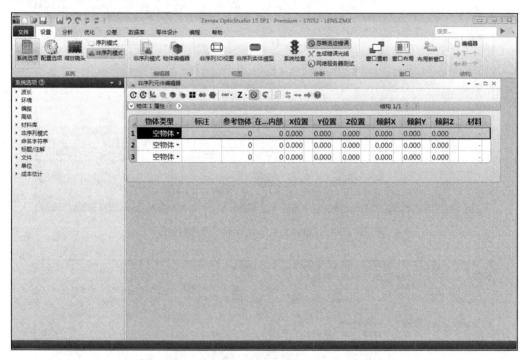

图 1.19　非序列模式下非序列元件编辑器窗口(当前显示三个空物体)

光源设置. 单击空物体 1 右侧的下拉框标识,选择矩形光源. 首先,定义光源的光谱类型,由于本案例中采用的光源为照明用白光 LED,并且现在广泛使用的白光 LED 为蓝光技术,即蓝光 LED+黄光荧光粉技术,故需要在仿真中将光源的光谱属性设置为 LED 光谱. 具体设置方法为:选定矩形光源行,单击非序列元件编辑器窗口顶部物体 1 属性左侧的下拉框图标,打开矩形光源的属性设置窗口,如图 1.20 所示,在光源菜单栏中,将光源颜色设置为用户自定义光谱,在光谱文件中选择 LED YAG Phosphor Powder Generic.spcd 即可.

图 1.20 光源属性设置窗口

其次, 在软件左侧的系统选项栏中, 展开单位选项, 将光源单位设置为流明 (lm)[①]. 最后, 将矩形光源的阵列光线条数、分析光线条数、能量、X 半宽、Y 半宽、余弦指数分别设置为 100、1000000、120(即 120lm)、0.5(即 0.5mm, 尺寸默认单位为 mm, 下同)、0.5(即 0.5mm)和 1(即光源空间光强分布为余弦规律的朗伯光源).

透镜设置. 选定空物体 2, 单击非序列元件编辑器窗口顶部物体 2 属性左侧的下拉框图标打开空物体 2 的属性设置窗口, 在常规选项的分类中选择"实体文件", 在类型选项中选择"导入"选项, 在弹出的窗口中选择本案例中用 SolidWorks 软件导出的 SAT 格式透镜文件 Lens.SAT(注意: 需要提前将 Lens.SAT 文件复制到 Zemax 光学设计软件的 CAD 资源文件夹中, 其路径为 C:\Users\Administrator\Documents\Zemax\Objects\CAD Files[②]). 设置界面如图 1.21 所示. 单击非序列元件编辑器窗口顶部物体 2 属性左侧的上拉框图标收起属性设置窗口. 在导入透镜那一行的元件参数中, 将倾斜 X 参数设置为 90(即将透镜的中心出光方向定在 Z 方向), 将材料设置为 PMMA. 其他参数按照默认设置仿真.

探测器设置. 单击空物体 3 右侧的下拉框标识, 选择"矩形探测器". 如图 1.22 所示, 在探测器这一行的参数中, 将 Z 位置参数设置为 1000mm, 即探测器距离光源 1000mm 处; 将 X 半宽和 Y 半宽均设置为 1850mm; 将 X 像元数和 Y 像元数均设置为 128. 其他参数按照默认设置仿真.

---

① 在上文中介绍的用 TracePro 软件仿真本案例的照明系统时, 由于将光源的波长设置为 450nm, 即蓝光, 故光源能量辐射的单位设置为辐度学单位, 即 W; 而在本部分用 Zemax 光学设计软件进行照明系统仿真时, 由于使用的是蓝光芯片+黄光荧光粉的 LED 光谱, 故光源的能量辐射单位设置为光度学单位 lm 更为合适.

② 注意: 不同用户的文件路径可能略有不同.

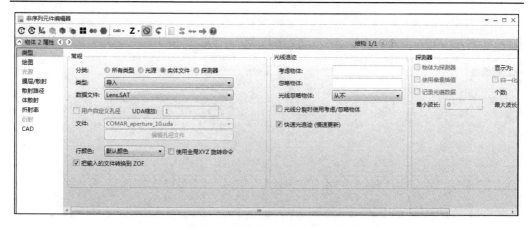

图 1.21　透镜导入设置界面

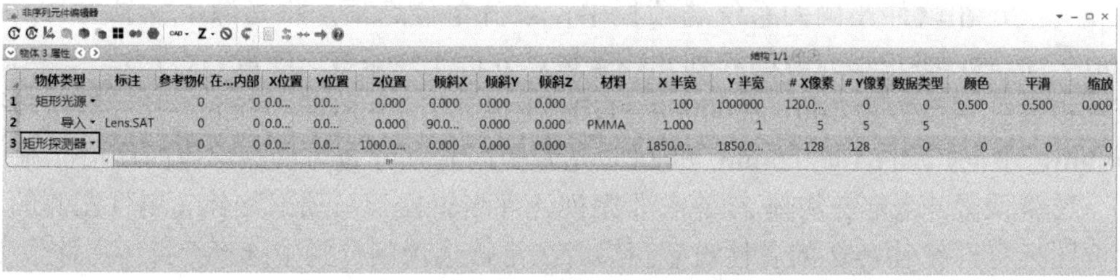

图 1.22　探测器参数设置

第二步，仿真计算.

在软件顶部的分析菜单栏中单击光线追迹按钮，弹出光线追迹控制窗口，如图 1.23 所示. 单击"清除并追迹"开始系统照明效果仿真. 仿真结束后单击"退出"按钮自动关闭光线追迹控制窗口.

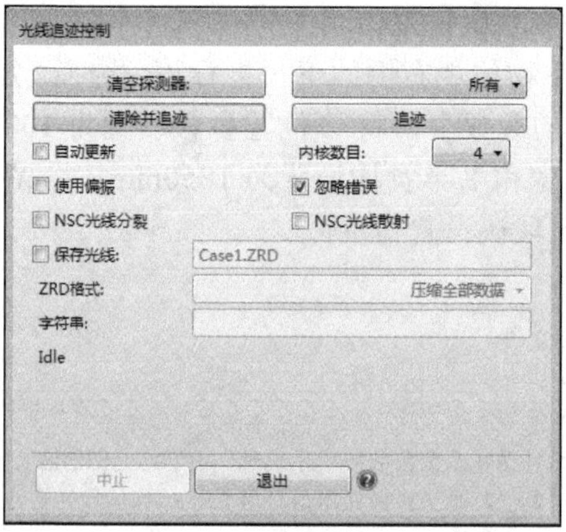

图 1.23　光线追迹控制窗口

在软件顶部的分析菜单栏中单击"非序列实体模型",打开照明系统的 3D 视图,如图 1.24 所示. 图 1.25 所示为照明系统的 3D 视图局部放大后的透镜 3D 视图.

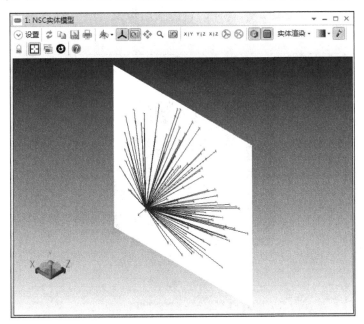

图 1.24　照明系统 3D 视图

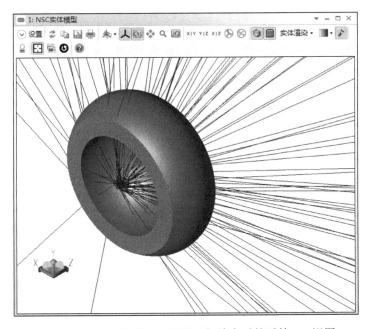

图 1.25　照明系统的 3D 视图局部放大后的透镜 3D 视图

在软件顶部的分析菜单栏中单击探测查看器按钮，打开探测查看器窗口，得到探测查看器上的照度分布图. 图 1.26 和图 1.27 分别为添加透镜前后探测查看器上的光照度分布情况，可以看出，所设计的自由曲面透镜可以有效地匀化目标平面上的照明光斑.

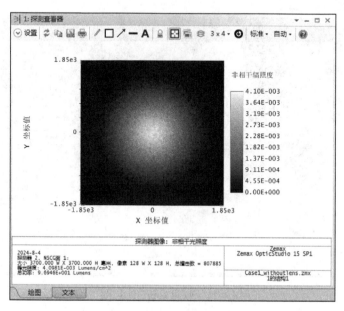

图 1.26　添加透镜前探测查看器上的光照度分布情况

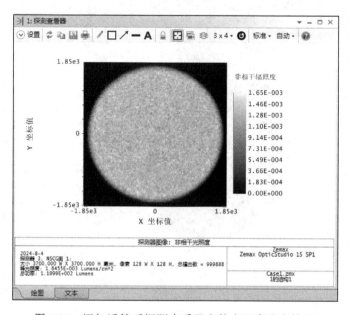

图 1.27　添加透镜后探测查看器上的光照度分布情况

由于建模的时候在探测查看器上计算的数据点离散为 128×128 个, 而在实际的照明系统中, 光线是连续分布的, 故在评估探测查看器上的照度均匀度的时候可以适当并合理地对探测查看器上的数据做平滑化处理. 本案例中, 在探测查看器窗口的设置栏中, 如图 1.28 所示, 将平滑度设置为 6. 图 1.29 所示为平滑度修改后添加透镜后探测查看器上的照度分布图, 图 1.30 和图 1.31 分别为探测查看器中心行截面和列截面上的照度分布.

图 1.28　探测查看器设置窗口

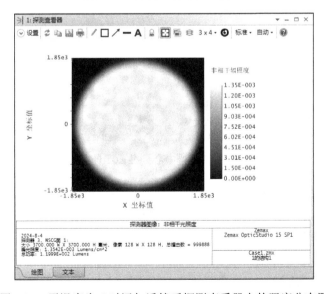

图 1.29　平滑度为 6 时添加透镜后探测查看器上的照度分布图

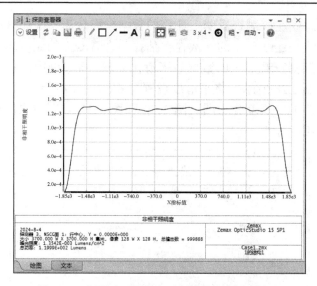

图 1.30　探测查看器中心行截面上的照度分布

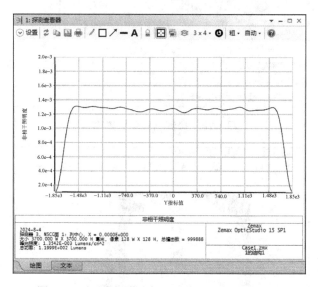

图 1.31　探测查看器中心列截面上的照度分布

从图 1.29 的底部可以直接读出峰光照度为 $1.35 \times 10^{-3} \mathrm{lm/cm}^2$. 最小照度可以从图 1.29 中的文本数据中读出[①]，约为 $1.22 \times 10^{-3} \mathrm{lm/cm}^2$，可以计算出照度均匀度为 0.904，满足实验要求.

---

① 在图 1.29 底部，有两个视图模式，一个是"绘图"，另一个是"文本"，因为文本视图里面的光照度数据为 128×128 阵列的，以图形的形式全部显示出来将模糊不清，所以这里就只提到在"文本数据中读出"，而没有给出，读者可自行打开文本中的数据查看光照度的值.

【实验小结】

通过本实验的学习和实践操作，可以了解和掌握基于边缘光线原理、光能量映射关系和斯涅尔定律来进行自由曲面透镜设计的基本原理和方法及其在实现单圆光斑均匀照明自由曲面透镜设计中的应用，为后续开展自由曲面光学设计打下基础．同时，本案例分别给出了使用 TracePro 光学设计软件和 Zemax 光学设计软件仿真利用单自由曲面透镜实现圆形均匀照明光斑的方法，为读者开展单光斑照明系统设计提供了多样化的选择．

【实验扩展】

读者可以尝试开展实现不同全发光角度单圆光斑均匀照明的自由曲面透镜设计，分析本方法对全发光角度的适用范围(>90°)．思考对于小于 90° 全发光角度情况的设计思路．

【参考文献】

王恺，刘胜，罗小兵，等. 2020. LED 封装与应用中的自由曲面光学技术. 北京：化学工业出版社.

案例 2 彩图

案例 2　均匀光场自由曲面透镜阵列设计

2.1　均匀光场自由曲面透镜阵列发展及应用背景介绍

案例 1 介绍了单个 LED 实现均匀光场圆形光斑时的自由曲面透镜设计原理和方法，然而在实际的各种 LED 照明应用中，通过 LED 阵列光源进行照明是最常用的一种，例如 LED 背光、各种室内照明等. 本案例将详细介绍实现阵列 LED 空间均匀照明的设计原理和方法，包括设计优化配光曲线以实现均匀照明和设计相应的自由曲面透镜算法来实现所设计的配光曲线.

2.2　均匀光场自由曲面透镜阵列设计实验

【实验目的】

（1）掌握面向 LED 阵列均匀照明应用的自由曲面透镜阵列的设计原理和方法，并掌握使用 MATLAB 软件实现自由曲面计算的方法；

（2）掌握使用 TracePro 软件对所设计的自由曲面透镜进行光学仿真和评估的方法.

【实验要求】

（1）LED 阵列照明的距高比（即 LED 光源间的距离与光源到目标平面的距离的比值）为 2.

（2）光源为具有朗伯型空间光强分布的 LED 光源，其长、宽、高分别为 1mm、1mm、0.1mm；LED 光源阵列为 4×4 阵列，LED 光源间的距离为 2m.

（3）距离自由曲面透镜 1m 处的 2m×2m 大小的目标平面上光斑的照度均匀度不低于 0.9. 按照相关照明标准，照度均匀度有 E_{min}/E_{ave} 和 E_{min}/E_{max} 两种计算方法，本实验中由于光斑填充满整个目标平面，因此采用 E_{min}/E_{ave} 的计算方法.

（4）透镜材料采用折射率为 1.49 的 PMMA 材质，透镜中心高度为 7mm.

【实验原理和步骤】

图 2.1 所示为一个 $M×N$ 的矩形 LED 光源阵列的照明模型示意图. 该照明模型由

LED 光源、自由曲面透镜以及矩形目标平面三部分组成. LED 光源阵列设置在 XY 平面内. 相邻两 LED 光源的间距为 d, 阵列中的每个 LED 光源包括 LED 发光模块以及实现所需配光曲线的自由曲面透镜. 本实验中, LED 发光模块为 LED 芯片, 其发光光强分布类型为朗伯型. LED 光源阵列与目标平面的间距为 z_0. 本设计中, 需先根据逆向设计法得到优化的 LED 光源的配光曲线, 以满足实现 LED 光源阵列均匀照明的需求; 然后设计自由曲面透镜, 使得从透镜发射出来的光强空间分布满足优化后的配光曲线, 从而实现在目标平面上的均匀照明. 因此, 本实验中有两个关键问题需要考虑, 一是如何优化配光曲线, 二是如何设计自由曲面透镜来实现该配光曲线. 接下来将详细阐述设计过程.

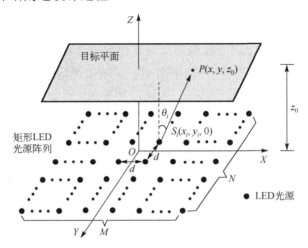

图 2.1　矩形 LED 光源阵列与目标平面示意图

1.　优化配光曲线

考虑到 LED 光源光强分布呈圆对称, 同时也为了方便计算, LED 光源的配光曲线 $I(\theta)$ 由以下代数多项式来表达:

$$I(\theta) = a_0 + a_1\theta^2 + a_2\theta^4 + a_3\theta^6 + a_4\theta^8 \tag{2-1}$$

其中, θ 为出射光线方向与中心轴 Z 的夹角. 通过 $I(\theta)$ 表达式, 可以对各种不同形状的配光曲线进行表达与计算. 接下来我们将计算目标平面上任意一点 $P(x, y, z_0)$ 的照度值. 如图 2.1 所示, 点 $P(x, y, z_0)$ 上由 LED 光源 $S_i(x_i, y_i, 0)$ 所产生的照度 $E_i(x, y, z_0)$ 可以由下式计算:

$$E_i(x, y, z_0) = \frac{I(\theta_i)\cos\theta_i}{r_i^2} = \frac{I(\theta_i)z_0}{r_i^3} = \frac{I(\theta_i)z_0}{[(x-x_i)^2 + (y-y_i)^2 + z_0^2]^{3/2}} \tag{2-2}$$

其中, $\theta_i = \arctan(\sqrt{(x-x_i)^2 + (y-y_i)^2}/z_0)$. 因此, 目标平面上点 $P(x, y, z_0)$ 处由所有

$M \times N$ 个 LED 光源所产生的总照度 $E(x, y, z_0)$ 可以表达为

$$E(x, y, z_0) = \sum_{i=1}^{M \times N} E_i(x, y, z_0) \tag{2-3}$$

为了获得满足均匀照明的配光曲线，我们在本设计中引入两个均匀照明判据. 一个是斯帕罗判据(Sparrow criterion)，通过该判据可以确保在目标平面中心区域的照度分布是均匀的；另一个是目标平面上边缘点照度值与中心点照度值之间差异较小.

对于第一个判据，将 $E(x, y, z_0)$ 对 x 求两次偏导，并设 $x=0$，$y=0$，则可以得到以 a_0、a_1、a_2、a_3、a_4 为变量的函数 $f(a_0,a_1,a_2,a_3,a_4) = \partial^2 E / \partial x^2|_{x=0,y=0}$. 根据斯帕罗判据，$f(a_0,a_1,a_2,a_3,a_4) = 0$ 可以保证在目标平面中心区域的照度分布均匀. 通过求解方程 $f(a_0,a_1,a_2,a_3,a_4) = 0$，可以得到 4 个自变量与 1 个因变量，如 $a_0 = a_0, a_1 = a_1, a_2 = a_2, a_3 = a_3$ 和 $a_4 = g(a_0,a_1,a_2,a_3)$. 显然需要有其他判据来进一步限制这些变量的值.

虽然通过斯帕罗判据可以在目标平面中心区域实现均匀照明，但该判据不能保证在整个目标平面上的照度分布均匀. 因此，需要另一个关于小照度差值的判据，在此，我们引入比值 $R(x_j, y_j, z_0)$ 作为另一个均匀照明判据:

$$R(x_j, y_j, z_0) = \frac{E(x_j, y_j, z_0)}{E(0, 0, z_0)} \tag{2-4}$$

其中，$E(x_j, y_j, z_0)$ 是目标平面上除中心点之外一点 $Q_i(x_j, y_j, z_0)$ 的照度值，$E(0, 0, z_0)$ 是中心的照度值. 比值 $R(x_j, y_j, z_0)$ 反映了边缘点与中心点之间的照度差异. 为了实现较高的照度均匀度，$R(x_j, y_j, z_0)$ 的范围设置为 $0.85 \leqslant R(x_j, y_j, z_0) \leqslant 1.15$，这样进一步限制了上述 4 个自变量的范围. 在设计中，点 Q_j 可以作为判据的验证点，因此如何合理选择这些验证点显得尤为重要. 例如，如果所有 Q_j 点都位于中心区域附近，就无法预估边缘点的照度均匀情况. 因此，需要合理选择这些验证点，使得这些点能够反映整个目标平面上的照度均匀情况，比如$(M/2, N/2, z_0)$、$(M/2-d, N/2-d, z_0)$等. 同时可以引入更多的验证点来优化配光曲线，满足照明要求.

基于以上的分析我们可以知道，在配光曲线优化设计过程中，调节 a_0、a_1、a_2、a_3、a_4 的值，使得其能够同时满足 $f(a_0,a_1,a_2,a_3,a_4) = 0$ 与 $0.85 \leqslant R(x_j, y_j, z_0) \leqslant 1.15$ 这两个判据，并确保配光曲线的合理性. 所设计的配光曲线将通过模拟进行验证，如果不满足要求将继续进行优化. 根据上述的逆向设计方法，针对 LED 阵列照明在距高比为 2 时的情况，得到的目标配光曲线为

$$I(\theta) = 1 + 0.87882\theta^2 + \theta^4 + 0.8\theta^6 - 0.8\theta^8 \tag{2-5}$$

这里需要指出的是，计算出的目标配光曲线仅仅反映了 LED 光源光强空间分布情况，其绝对数值没有意义，在本实验后续计算中可作归一化处理. 此外，式(2-5)

所示配光曲线也仅是满足上述两个判据的一种配光曲线，读者可以自行优化得到其他满足判据的配光曲线.

2. 设计自由曲面透镜

本实验的自由曲面透镜设计算法也分三步：第一步，建立光源与所需的光强分布之间的能量映射关系；第二步，构造自由曲面透镜；第三步，通过光线追迹模拟验证透镜设计结果，如不满足要求，对一些参数(如划分数目 N 等)进行反馈优化，直至得到满足要求的结果，完成设计. 不同于 1.2 节所介绍的均匀光场单自由曲面透镜的设计方法，在本实验中设计的自由曲面透镜需要将朗伯型光源的配光曲线转化为式(2-5)所示的优化的配光曲线. 下面将分步详述本实验中自由曲面透镜的设计过程.

1)建立光源与所需的光强分布之间的能量映射关系

如图 2.2 所示，将从朗伯型 LED 光源发出的光作为入射光，从自由曲面透镜折射出的光作为出射光. 首先将 LED 光源的光能量空间分布与优化的配光曲线所对应的光能量空间分布都等分为 N 份. 入射空间的总光通量 $\varPhi_{\text{input\_total}}$ 与将其 N 等分后的能量单元的光通量 $\varPhi_{\text{input\_}k}$ 分别为

$$\varPhi_{\text{input\_total}} = 2\pi \int_0^{\frac{\pi}{2}} I_0 \cos\theta \sin\theta \mathrm{d}\theta \tag{2-6}$$

$$\varPhi_{\text{input\_}k} = 2\pi \int_{\theta_{\text{input\_}k}}^{\theta_{\text{input\_}k+1}} I_0 \cos\theta \sin\theta \mathrm{d}\theta = \frac{1}{N} \varPhi_{\text{input\_total}} \tag{2-7}$$

其中，$k = 0, 2, \cdots, N-1$；$\theta_{\text{input\_0}} = 0$. 结合式(2-6)和式(2-7)，可以求得界定入射空间每一份能量单元的光线的方向角 $\theta_{\text{input\_}k}$ 和 $\theta_{\text{input\_}k+1}$.

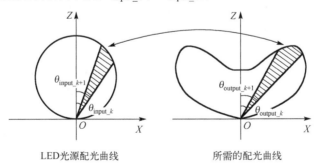

图 2.2　LED 光源与所需配光曲线的光能量对应示意图

出射空间的总光通量 $\varPhi_{\text{output\_total}}$ 与将其 N 等分后的能量单元的光通量 $\varPhi_{\text{output\_}k}$ 分别为

$$\Phi_{\text{output\_total}} = 2\pi \int_0^{\frac{\pi}{2}} I_{\text{output}}(\theta) \sin\theta \mathrm{d}\theta \tag{2-8}$$

$$\Phi_{\text{output\_}k} = 2\pi \int_{\theta_{\text{output\_}k}}^{\theta_{\text{output\_}k+1}} I_{\text{output}}(\theta) \sin\theta \mathrm{d}\theta = \frac{1}{N} \Phi_{\text{output\_total}} \tag{2-9}$$

结合式(2-8)和式(2-9)，可以求得界定出射空间每一份能量单元的光线的方向角 $\theta_{\text{output\_}k}$ 和 $\theta_{\text{output\_}k+1}$。

接下来建立入射空间光能量单元与出射空间光能量单元之间的映射关系。如图 2.2 所示，由于光源光能量与所需配光曲线的光能量都被等分成了 N 份，如果 $\theta_{\text{input\_}k}$ 到 $\theta_{\text{output\_}k+1}$ 之间的光能量 $\Omega_{\text{input\_}k+1}$ 对应到 $\theta_{\text{output\_}k}$ 到 $\theta_{\text{output\_}k+1}$ 之间的光能量 $\Omega_{\text{output\_}k+1}$，并且在该区间内重新分布，则光源的光强分布可以转变为所需的光强空间分布。根据边缘光线原理，如果我们期望将 $\Omega_{\text{input\_}k+1}$ 内的光能量对应到光出射区域 $\Omega_{\text{output\_}k+1}$ 内，需要保证界定 $\Omega_{\text{input\_}k+1}$ 区域的两条入射光线通过自由曲面透镜折射后，能够沿界定 $\Omega_{\text{output\_}k+1}$ 区域的两条边缘光线的方向出射，也即方向角为 $\theta_{\text{input\_}k}$ 的入射光线与方向角为 $\theta_{\text{output\_}k}$ 的出射光线需为一一对应关系。至此，我们建立了 LED 光源的光能量空间分布与所需配光曲线的光能量空间分布之间的能量映射关系。

2) 构造自由曲面透镜

由于 LED 光源和所需配光曲线的光能量空间分布具有旋转对称性，故所设计的自由曲面透镜也应具有旋转对称结构。与 1.2 节中单透镜的结构设计方法一样，本实验也只需要计算出自由曲面透镜的表面自由曲线，然后将曲线围绕中心轴旋转就可以构造出完整的自由曲面透镜。因此，接下来同样也将主要考虑二维平面内自由曲线的设计。图 2.3 所示为透镜表面自由曲线构造示意图。构造圆对称自由曲面透镜的设计步骤如下。

第一步，确定自由曲面透镜的顶点 P_0。顶点 P_0 $(0, 0, z_0)$ 为自由曲线 C_0 上的第一个点，位于光源中心轴上，P_0 点的法向矢量 N_0 方向竖直向上。在设计要求中设定了透镜中心高度为 7mm。

第二步，计算自由曲线 C_0 上的第二个点 P_1。P_1 点为入射角度为 θ_1 的光线与过顶点 P_0 的切平面之间的交点。由于 P_0 点法向矢量 N_0 竖直向上，其切平面与 N_0 相互垂直，为一水平面，因此 P_1 点的高度与 P_0 点一样，坐标为 $(x_1, 0, z_0)$，其中 $x_1 = z_0 \times \tan\theta_{\text{input\_}1}$。同时，根据前述所确定的光能量映射关系，入射空间中入射角度为 $\theta_{\text{input\_}1}$ 的光线经过 P_1 点折射后应该在出射空间以出射角 $\theta_{\text{output\_}1}$ 射出去，出射角为 $\theta_{\text{output\_}1}$。根据斯涅尔定律(式(1-15))，便可以求得 P_1 点的法向矢量 N_1。

第三步，计算自由曲线 C_0 上后续点 P_k。通过求入射角度为 $\theta_{\text{input\_}2}$ 的光线与经过 P_1 点的切平面之间的交点，可以得到 P_2 点的坐标 $(x_2, 0, z_0)$。以此类推，我们可以根据入射角度为 $\theta_{\text{input\_}k}$ 的光线与经过 P_{k-1} 点的切平面之间的交点，求得 P_k 点的坐标，并根据光能量映射关系(对应出射角度为 θ_{output_k} 的出射光线)与斯涅尔定律求出 P_k 点的法向矢量. 这样自由曲线 C_0 上所有点的坐标与法向矢量都可求得, 由此便得到了透镜的表面自由曲线 C_0.

第四步, 构造自由曲面透镜. 利用三维构造软件 SolidWorks 可将上一步得到的自由曲线 C_0 通过旋转操作得到圆对称自由曲面透镜的三维结构.

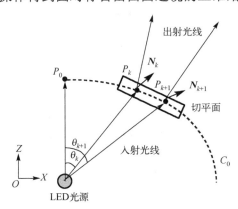

图 2.3　透镜表面自由曲线构造示意图

3) 透镜计算和仿真验证

A. 计算自由曲面透镜的表面自由曲线

根据上文中自由曲面透镜的表面自由曲线的计算原理和方法, 以及实验要求, 利用数学建模软件 MATLAB 计算出自由曲面透镜的表面自由曲线, 详细参考代码如下(本实验中, 入射空间和出射空间的光通量的能量单元份数 N 均取 1000).

```
N=1000;
phitot=pi;
dphi=pi/N;
cos2theta=zeros(1,N+1);
cos2theta(1)=1;
phy=zeros(1,N+1);
r(1)=0;
for i=1:N
    cos2theta(i+1)=cos2theta(i)-2/N;
end
a=0;top=2;standard=11.746/(2*N*pi);intge=0;
while a<=1.425
intge=intge+(1+0.878827*a^2+a^4+0.8*a^6-0.8*a^8)*sin(a)*0.00001;
    if (intge>=standard)
        standard=standard+11.746/(2*N*pi);
```

```
            phy(top)=a;
            top=top+1;
        end
        a=a+0.00001;
end
Ox=sin(phy);Oy=cos(phy);
Ix=zeros(1,N+1);Iy=zeros(1+N+1);
Nx=zeros(1,N+1);Ny=zeros(1,N+1);
Px=zeros(1,849);Py=zeros(1,849);
Ix(1)=0;Iy(1)=1;
Px(1)=0;Py(1)=7;
for i=1:N
    chara=sqrt(1+1.49^2-2*1.49*(Ox(i)*Ix(i)+Oy(i)*Iy(i)));
    Nx=(Ox(i)-1.49*Ix(i))/chara;
    Ny=(Oy(i)-1.49*Iy(i))/chara;
    temp=sqrt(Nx^2+Ny^2);
    Nx=Nx/temp;
    Ny=Ny/temp;
    theta=acos(cos2theta(i+1))/2;
    Px(i+1)=(Nx*Px(i)+Ny*Py(i))/(Nx+Ny*cot(theta));
    Py(i+1)=cot(theta)*Px(i+1);
    temp=sqrt(Px(i+1)^2+Py(i+1)^2);
    Ix(i+1)=Px(i+1)/temp;
    Iy(i+1)=Py(i+1)/temp;
end
plot(Px,Py)
```

所计算的自由曲线如图 2.4 所示.

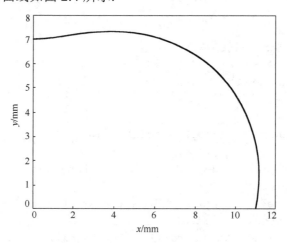

图 2.4 自由曲面透镜表面自由曲线

　　在计算中，需要注意的是，在数学表达上，由于优化后的配光曲线在±81.65°范围以外的区间光强为负值，故在实际计算出射空间的总光通量的时候，积分区间设置为[0°，81.65°]. 同时，由于 LED 光源的发光类型为朗伯型，在±81.65°范围以外的光通量极小，故在出射空间光通量的计算中，忽略±81.65°范围以外的光通量对计算结果影响较小.

　　B. 构造自由曲面透镜

　　参考案例 1 的步骤，利用 SolidWorks 软件来构造自由曲面透镜的三维结构. 图 2.5 和图 2.6 所示分别为自由曲面透镜的正视图和仰视图，其中，底部半球凹腔的半径为 5mm.

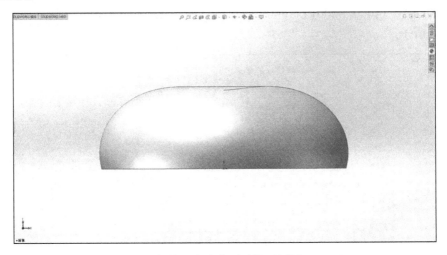

图 2.5　自由曲面透镜正视图

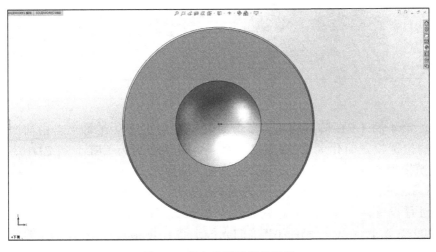

图 2.6　自由曲面透镜仰视图

C. 自由曲面透镜光学仿真计算

a. 使用 TracePro 光学设计软件对阵列照明系统进行照明效果仿真

第一步, 照明系统建模.

建立 4×4 透镜阵列模型. 参考案例 1 的步骤, 将自由曲面透镜的三维结构导入 TracePro 软件中, 并将透镜重命名为 Lens1, 将其材料设置为 PMMA 材质. 采用复制的方法, 在软件中复制 15 个 Lens1 透镜, 并依次命名为 Lens2~Lens16. 将这 16 个透镜在 XZ 平面上按照 X 方向和 Z 方向上间距为 2m, 依次分别设置其位置坐标, 即 $(0, 0)$、$(2000, 0)$、$(4000, 0)$、$(6000, 0)$、$(0, 2000)$、$(2000, 2000)$、$(4000, 2000)$、$(6000, 2000)$、$(0, 4000)$、$(2000, 4000)$、$(4000, 4000)$、$(6000, 4000)$、$(0, 6000)$、$(2000, 6000)$、$(4000, 6000)$ 和 $(6000, 6000)$, 得到 XZ 平面上 4×4 的透镜阵列模型, 如图 2.7 所示.

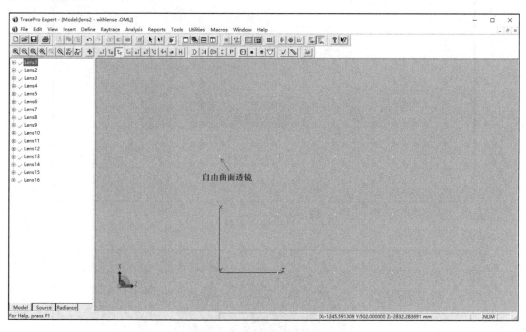

图 2.7　4×4 透镜阵列模型

建立 4×4 的 LED 阵列模型. 参考案例 1 中的步骤, 在每个自由曲面透镜底部中心的位置设置简化的 LED 光源模型, 并依次命名为 LED1~LED16. 将每个 LED 光源模型的 Surface 4 面设置为发光面. 发射形式:光通量. 单位:辐度学. 场角分布: Lambertian 发光场型. 光通量(辐度学): 0.5W(也可以根据实际情况以光度学进行设置, 单位 lm). 总光线数为 200000 条(可根据实际情况而定, 一般在 100000 条以上, 以获得较为准确的光线追迹计算结果). 仿真计算的波长, 如是单色光 LED, 则可以导入光谱, 或者近似设置单一波长(例如设置蓝光 LED 波长在 450nm 处)，如果仿真计算白光 LED(蓝光 LED+黄光荧光粉)，可以导入光谱进行计算.

设置观察面. 根据实验要求，参考案例 1 中的步骤，在距离 LED 光源阵列正前方 1m 处的位置设置 2m×2m 大小的正方形观察面(即观察面的中心坐标为(3000, 1000, 3000))，其厚度为 10mm(也可设置其他值，便于建模即可)，将观察面命名为 Observation screen，同样地将观察面整体设置为完美吸收体(或者仅将 Surface2 设置为完美吸收面，因为阵列光源发出的光直接投射在该面上).

第二步，仿真计算.

单击 Trace Rays 按钮进行仿真计算. 图 2.8 所示为未加自由曲面透镜时 4×4 阵列 LED 光源在目标平面上的辐照度分布，图 2.9 和图 2.10 所示为添加自由曲面透镜时 4×4 阵列 LED 光源在目标平面上的辐照度分布. 可见未加自由曲面透镜时，目标平面上的辐照度分布极其不均匀，尤其是在 LED 光源正上方对应的局部区域内辐照度值远大于其他区域；添加自由曲面透镜后，目标平面上的辐照度均匀度大幅提升. 经计算，添加自由曲面透镜后，目标平面上的最小辐照度 $E_{\min}$ 为 0.10W/m^2，平均辐照度 E_{ave} 为 0.107W/m^2，进而计算得到观察平面上的辐照度均匀度($E_{\min}/E_{\text{ave}}$)为 0.93，满足实验不低于 0.9 的要求. 如最终计算得到的辐照度均匀度不满足实验要求，则需要对一些参数(如光通量单元划分数目 N 等)进行调整，直至得到满足要求的结果，方可完成设计.

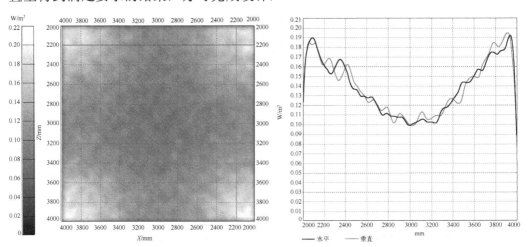

图 2.8　未加自由曲面透镜时 4×4 阵列 LED 光源在目标平面上的辐照度分布

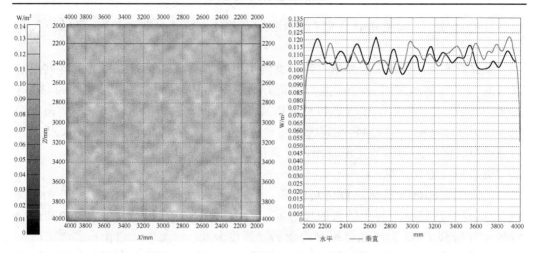

图 2.9　添加自由曲面透镜时 4×4 阵列 LED 光源在目标平面上的辐照度分布(考察目标平面边界
处的辐照度均匀度)

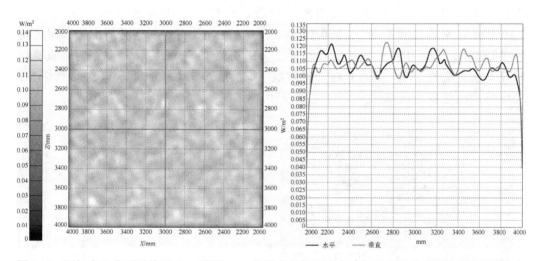

图 2.10　添加自由曲面透镜时 4×4 阵列 LED 光源在目标平面上的辐照度分布(考察目标平面中心
处的辐照度均匀度)

　　b. 使用 Zemax 光学设计软件对阵列照明系统进行照明效果仿真

第一步，照明系统建模.

4×4 光源阵列设置. 打开 Zemax 光学设计软件，将仿真模式切换至非序列仿真
模式. 在非序列元件编辑器窗口中插入 15 行数据，此时该窗口中共有 16 行数据.

　　首先，将这 16 行元件的物体类型均设置为矩形光源，并在标注栏将这 16 个光
源依次命名为 LED1, LED2, …, LED16. 在每个元件的属性设置窗口将光源的光谱
均设置为 LED YAG Phosphor Powder Generic.spcd(设置方法参考案例 1). 同时，在

软件左侧的系统选项栏中，展开单位选项，将光源单位设置为流明.

其次，将每个矩形光源的阵列光线条数、分析光线条数、能量、X 半宽、Y 半宽、余弦指数分别设置为 100、1000000、120（即 120lm）、0.5（即 0.5mm）、0.5（即 0.5mm）和 1（即光源空间光强分布为余弦规律的朗伯光源）.

最后，通过分别设置每个矩形光源的 X 位置和 Y 位置参数，将这 16 个光源设置为 XY 平面上 X 方向和 Y 方向上的间隔均为 2000mm 的 4×4 光源阵列，即 LED1～LED16 的在 XY 平面上的坐标分别为 (0, 0)、(2000, 0)、(4000, 0)、(6000, 0)、(0, 2000)、(2000, 2000)、(4000, 2000)、(6000, 2000)、(0, 4000)、(2000, 4000)、(4000, 4000)、(6000, 4000)、(0, 6000)、(2000, 6000)、(4000, 6000) 和 (6000, 6000)，如图 2.11 所示.

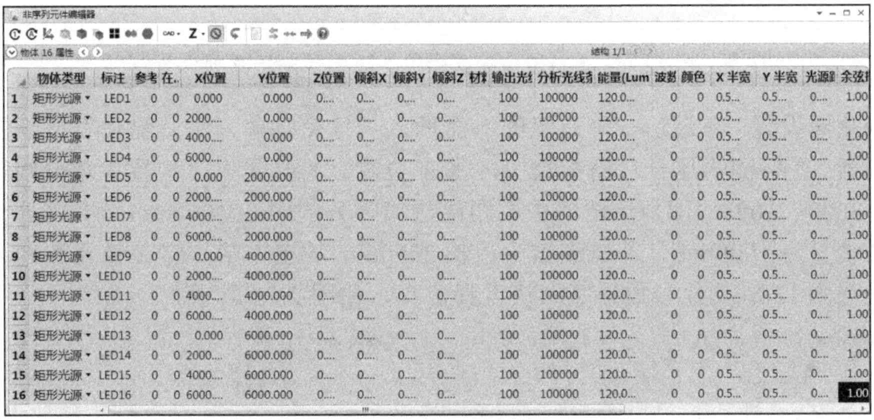

	物体类型	标注	参考	在	X位置	Y位置	Z位置	倾斜X	倾斜Y	倾斜Z	材料	输出光	分析光线条	能量(Lum	波长	颜色	X半宽	Y半宽	光源	余弦指
1	矩形光源▼	LED1	0	0	0.000	0.000	0.	0.	0.	0.		100	100000	120.0.	0	0	0.5.	0.5.	0.	1.00
2	矩形光源▼	LED2	0	0	2000.	0.000	0.	0.	0.	0.		100	100000	120.0.	0	0	0.5.	0.5.	0.	1.00
3	矩形光源▼	LED3	0	0	4000.	0.000	0.	0.	0.	0.		100	100000	120.0.	0	0	0.5.	0.5.	0.	1.00
4	矩形光源▼	LED4	0	0	6000.	0.000	0.	0.	0.	0.		100	100000	120.0.	0	0	0.5.	0.5.	0.	1.00
5	矩形光源▼	LED5	0	0	0.000	2000.000	0.	0.	0.	0.		100	100000	120.0.	0	0	0.5.	0.5.	0.	1.00
6	矩形光源▼	LED6	0	0	2000.	2000.000	0.	0.	0.	0.		100	100000	120.0.	0	0	0.5.	0.5.	0.	1.00
7	矩形光源▼	LED7	0	0	4000.	2000.000	0.	0.	0.	0.		100	100000	120.0.	0	0	0.5.	0.5.	0.	1.00
8	矩形光源▼	LED8	0	0	6000.	2000.000	0.	0.	0.	0.		100	100000	120.0.	0	0	0.5.	0.5.	0.	1.00
9	矩形光源▼	LED9	0	0	0.000	4000.000	0.	0.	0.	0.		100	100000	120.0.	0	0	0.5.	0.5.	0.	1.00
10	矩形光源▼	LED10	0	0	2000.	4000.000	0.	0.	0.	0.		100	100000	120.0.	0	0	0.5.	0.5.	0.	1.00
11	矩形光源▼	LED11	0	0	4000.	4000.000	0.	0.	0.	0.		100	100000	120.0.	0	0	0.5.	0.5.	0.	1.00
12	矩形光源▼	LED12	0	0	6000.	4000.000	0.	0.	0.	0.		100	100000	120.0.	0	0	0.5.	0.5.	0.	1.00
13	矩形光源▼	LED13	0	0	0.000	6000.000	0.	0.	0.	0.		100	100000	120.0.	0	0	0.5.	0.5.	0.	1.00
14	矩形光源▼	LED14	0	0	2000.	6000.000	0.	0.	0.	0.		100	100000	120.0.	0	0	0.5.	0.5.	0.	1.00
15	矩形光源▼	LED15	0	0	4000.	6000.000	0.	0.	0.	0.		100	100000	120.0.	0	0	0.5.	0.5.	0.	1.00
16	矩形光源▼	LED16	0	0	6000.	6000.000	0.	0.	0.	0.		100	100000	120.0.	0	0	0.5.	0.5.	0.	1.00

图 2.11　Zemax 光学设计软件建模中的 4×4 光源阵列参数设置

4×4 透镜阵列设置. 为了建模 4×4 透镜阵列，需要在非序列元件编辑器窗口中第 16 行元件的后面插入 16 行空物体.

首先，将新插入的这 16 个物体的物体类型均选择"导入"选项，相应的透镜均选择 Lens2（注意：Lens2 为本案例中在 SolidWorks 软件中构造并导出的 SAT 格式的透镜）.

其次，将这 16 个透镜的倾斜 X 参数均设置为 90（即将透镜的中心出光方向定在 Z 方向），材料均设置为 PMMA 材质. 其他参数按照默认设置仿真.

最后，通过分别设置每个透镜的 X 位置和 Y 位置参数，将这 16 个透镜设置为 XY 平面上 X 方向和 Y 方向上的间隔均为 2000mm 的 4×4 透镜阵列，阵列中每个透镜的位置与前面设置的 4×4 光源阵列中的每个光源一一对应，即 (0, 0)、(2000, 0)、(4000, 0)、(6000, 0)、(0, 2000)、(2000, 2000)、(4000, 2000)、(6000, 2000)、(0, 4000)、(2000, 4000)、(4000, 4000)、(6000, 4000)、(0, 6000)、(2000, 6000)、(4000, 6000) 和 (6000, 6000)，如图 2.12 所示.

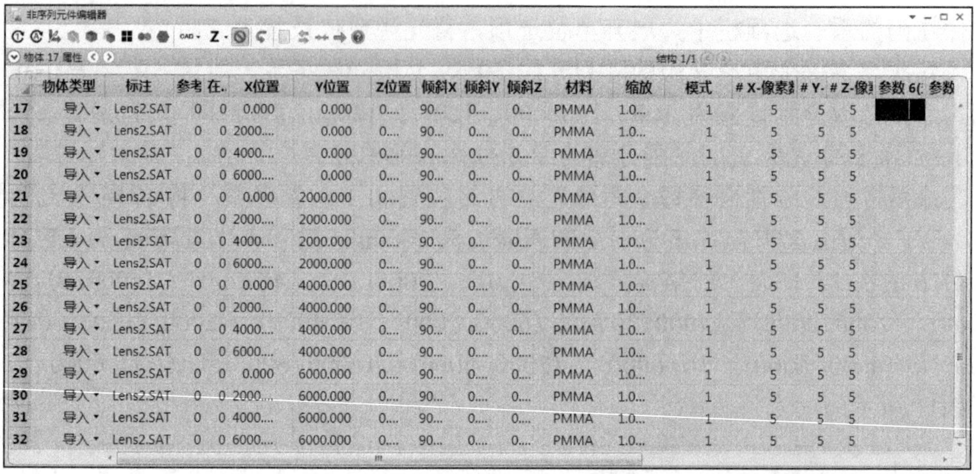

图 2.12　Zemax 光学设计软件建模中的 4×4 透镜阵列参数设置

探测器设置. 在最后一个透镜的下面插入一行空物体，将其物体类型设置为矩形探测器. 在探测器这一行的参数中，将 X 位置、Y 位置和 Z 位置参数分别设置为 3000、3000、1000，即探测器的中心距离透镜阵列的中心 1000mm；将 X 半宽和 Y 半宽均设置为 1000mm，即探测器为边长 2000mm 的正方形；将 X 像元数和 Y 像元数均设置为 128. 其他参数按照默认设置仿真，如图 2.13 所示.

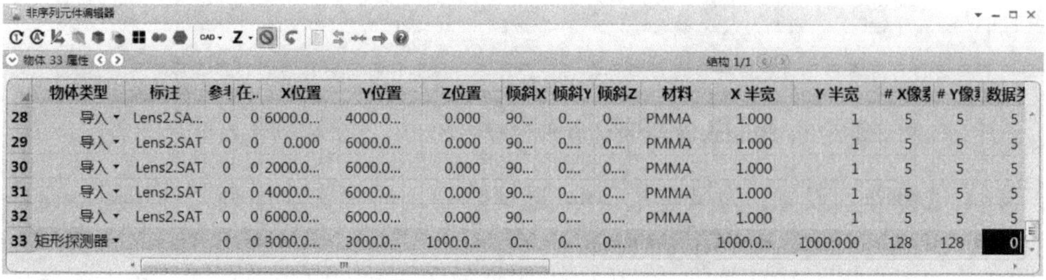

图 2.13　Zemax 光学设计软件建模中的探测器参数设置

第二步，仿真计算.

在软件顶部的分析菜单栏中单击光线追迹按钮，弹出光线追迹控制窗口，单击"清除并追迹"开始系统照明效果仿真. 仿真结束后单击"退出"按钮自动关闭光线追迹控制窗口.

在软件顶部的分析菜单栏中单击"非序列实体模型"，打开照明系统的 3D 视图，如图 2.14 所示.

图 2.14　照明系统的 3D 视图

在软件顶部的分析菜单栏中单击探测查看器按钮, 打开探测查看器窗口, 得到探测查看器上的照度分布图. 图 2.15 所示为未加透镜时 4×4 阵列光源在探测查看器上的照度分布图(平滑度为 6), 图 2.16 和图 2.17 所示分别为图 2.15 中照度图横线和竖线位置处的照度分布. 图 2.18 所示为添加透镜时 4×4 阵列光源在探测查看器上的照度分布图(平滑度为 6), 图 2.19 和图 2.20 所示分别为图 2.18 中横线和竖线位置处的照度分布, 图 2.21 和图 2.22 所示分别为图 2.18 中照度图中心位置的行截面和列截面处的照度分布. 可以看出, 所设计的自由曲面透镜有效地匀化了阵列照明系统的照明光斑.

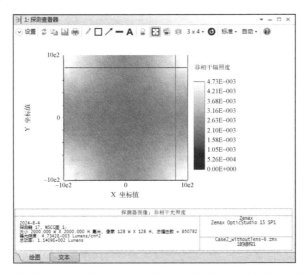

图 2.15　未加透镜时 4×4 阵列光源在探测查看器上的照度分布(平滑度为 6)

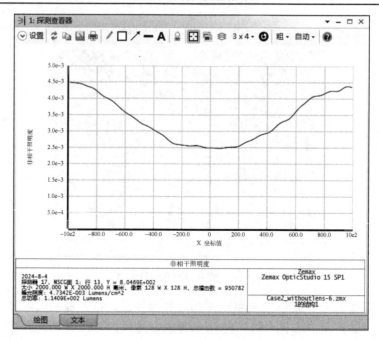

图 2.16　图 2.15 中横线位置处的照度分布

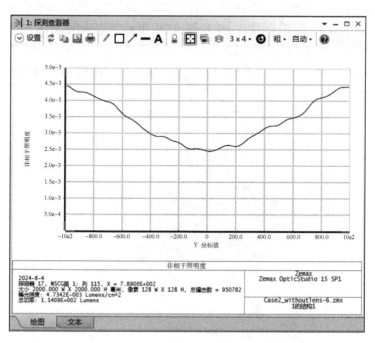

图 2.17　图 2.15 中竖线位置处的照度分布

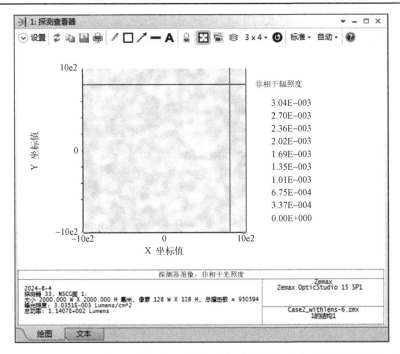

图 2.18　添加透镜时 4×4 阵列光源在探测查看器上的照度分布(平滑度为 6)

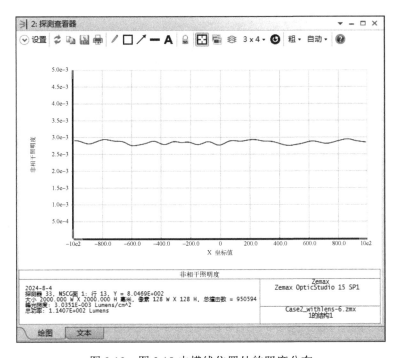

图 2.19　图 2.18 中横线位置处的照度分布

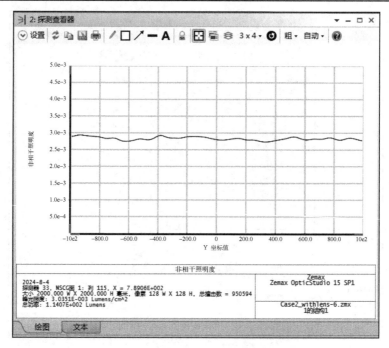

图 2.20 图 2.18 中竖线位置处的照度分布

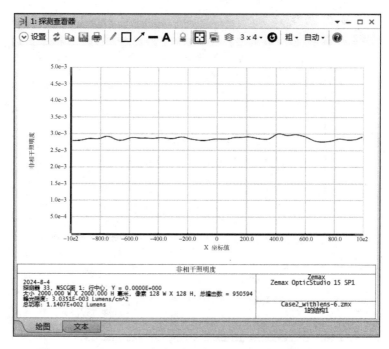

图 2.21 添加透镜时探测查看器中心处行截面处的照度分布

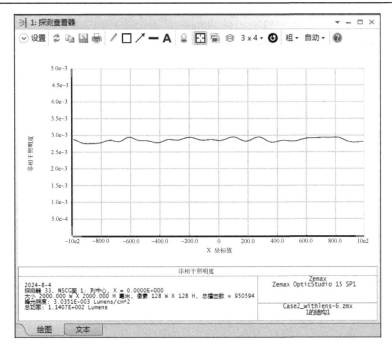

图 2.22　添加透镜时探测查看器中心处列截面处的照度分布

从图 2.18 的底部可以直接读出峰光照度约为 $3.04×10^{-3}$ lm/cm^2. 最小照度可以从图 2.18 中底部的文本数据中读出，约为 $2.76×10^{-3}$ lm/cm^2，可以计算出照度均匀度为 0.908，满足实验要求.

【实验小结】

通过本实验的学习和实践操作，可以了解和掌握基于边缘光线原理、光能量映射关系和斯涅尔定律来进行自由曲面透镜设计的基本原理和方法，尤其是面向 LED 阵列照明应用需求，掌握如何优化配光曲线和如何设计自由曲面透镜来实现该配光曲线的方法，从而实现自由曲面透镜阵列的设计. 同时，本案例分别给出了使用 TracePro 光学设计软件和 Zemax 光学设计软件仿真，利用阵列自由曲面透镜实现均匀照明的方法，为读者开展阵列照明系统设计提供了多样化的选择.

【实验扩展】

基于本实验设计中的方法，读者可进一步尝试 LED 阵列照明的距高比（即 LED 光源间的距离与光源到目标平面间的距离的比值）为 3 时的光学设计. 同时，本实验设计了用于矩形 LED 阵列均匀照明的自由曲面透镜阵列，读者可进一步扩展到等间距排列的其他形状的 LED 阵列均匀照明的自由曲面透镜设计，并可尝试进一步优化满足本方法中两个照度均匀度判据的配光曲线分布.

【参考文献】

王恺，刘胜，罗小兵，等. 2020. LED 封装与应用中的自由曲面光学技术. 北京：化学工业出版社.

案例 3　显示背光均匀照明设计

3.1　显示背光设计背景介绍

液晶显示器(liquid crystal display，LCD)是目前电视、手机、平板电脑、笔记本电脑以及各类仪器仪表产品最广泛使用的显示部件. 由于液晶本身不能发光，因此 LCD 需要由背光源提供光源，目前一般采用 LED 或 Mini-LED 作为光源. 根据背光源的发光位置，背光方式分为直下式和侧入式两种，如图 3.1 和图 3.2 所示.

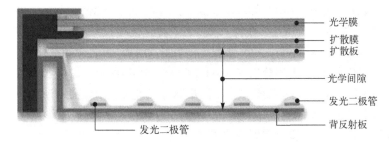

图 3.1　直下式 LED 背光模组示意图

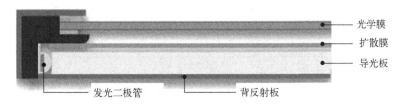

图 3.2　侧入式 LED 背光模组示意图

直下式 LED 背光中，将 LED 阵列光源排布于背光模组底部，从 LED 阵列发出的光向上通过扩散板、扩散膜、光学膜后均匀照射到液晶面板上，在液晶面板上形成均匀光场. 其中光学膜一般为增亮膜(BEF)，有些中高端产品为了进一步提高 S 偏振光的利用率从而提升亮度，会在增亮膜(BEF)基础上，再增加一张双层增亮膜(DBEF). 直下式 LED 背光具有显示尺寸大小可扩展、可实现动态背光技术以提高显示的对比度等优点，在 65 英寸[①]以上大尺寸 LCD 中得到广泛应用，但是也存在

---

① 1 英寸=2.54cm.

需要混光距离导致背光模组较厚的问题. 例如, 对于出射光强空间分布为朗伯型的 LED 光源, 如不加透镜进行光能量空间分布调控, 则需要距高比降低至 1 时, 才能满足在目标平面均匀照明的要求. 为了降低混光距离, 目前大多采用自由曲面透镜调控 LED 出射光能量空间分布的方法, 以实现距高比为 2 甚至为 3 的设计, 从而大幅度减小混光距离, 降低直下式背光模组的高度, 具体方法可以参考本书案例 2 "均匀光场自由曲面透镜阵列设计" 中的内容. 此外, 尤其是近年来直下式 Mini-LED 背光技术的快速发展, 使得在一些对于亮度、对比度等有较高要求的中小尺寸 LCD 中, 也开始采用直下式背光技术.

　　侧入式 LED 背光中, 将 LED 光源放置于导光板端面, 将 LED 发出的光通过导光板及其底部的网点均匀分布到整个导光板出光面并出射, 向上通过扩散膜、光学膜后均匀照射到液晶面板上, 在液晶面板上形成均匀光场. 其中光学膜与直下式 LED 背光中的相似, 为增亮膜(BEF), 或者为增亮膜(BEF)和双层增亮膜(DBEF)的组合. 侧入式 LED 背光具有厚度小、LED 光源数量少、成本相对较低等优点, 在 65 英寸以下的中小尺寸 LCD 中得到广泛应用. 在侧入式 LED 背光模组设计中, 导光板是最重要的结构, 正是有了导光板, 端面的 LED 光源才能转化为均匀的面光源射出. 在导光板的设计中, 导光板底部网点形状和分布是影响 LCD 背光出射光均匀性和亮度的关键因素. 目前, 设计和加工的导光板网点结构的几何形状主要是半球形、圆锥形、金字塔形等. 本实验将通过仿真 LED 光源的间隔、导光板底部网点的大小和排列形状对 LCD 面板的出光均匀度的影响, 来了解和掌握导光板在背光模组中的重要作用.

3.2　侧入式 LED 背光均匀照明设计实验

【实验目的】

　　(1)掌握使用 TracePro 软件进行侧入式 LED 背光均匀照明设计的原理和方法;
　　(2)掌握评估和优化侧入式 LED 背光均匀照明的方法.

【实验要求】

　　(1)使用 TracePro 软件进行单边侧入式背光源设计.
　　(2)背光源导光板的出光面尺寸为 40mm×40mm, 厚度为 5mm, 材质为 PMMA.
　　(3)采用朗伯型发光的 LED 作为背光源, 单个 LED 的光通量(辐度学)为 0.2W. LED 等间隔排列(一般间隔 10～15mm). LED 与导光板的距离为 0.1mm.
　　(4)在距离导光板 1mm 处设置观察面, 观察面上的照度均匀度不小于 0.8.
　　(5)仿真分析不同的 LED 间隔、导光板底部鳞甲结构球形凸点大小对导光板出光均匀度的影响.

【实验原理和步骤】

1. 导光板模型建立

打开 TracePro 软件,在插入(Insert)菜单栏选择几何物件(Primitive Solids…)选项,在弹出窗口中选择方块(Block),如图 3.3 所示. 将该 Block 命名为 Guiding panel,并将该 Block 的 X、Y 和 Z 方向的尺寸分别设置为 40、5 和 40(注意:这里的长度尺寸单位是默认的毫米(mm)),其中心坐标(Center Position)和旋转特性(Rotation)按照默认值设置,均为 0,然后单击"Insert"按钮即可. 图 3.4 所示为导光板原始模型.

图 3.3　导光板参数设置

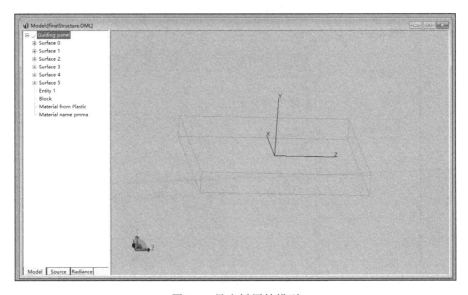

图 3.4　导光板原始模型

选中软件界面左侧新建的 Guiding panel 初始模型，右击选择属性(Properties...)选项并打开，将材料特性的分类(Catalog)设置为 Plastic，在名称(Name)中选择pmma，然后单击应用(Apply)即可将导光板的材料设置为实验要求的 PMMA 材质，如图 3.5 所示. 将 Guiding panel 的 Surface 2 的名字改为 Reptile surface，选中该面，右击，在其 Properties...选项中将其表面(Surface)特性设置为完美反射面(Perfect Mirror)，如图 3.6 所示. 同时，将 Guiding panel 的 Surface 1、Surface 3 和 Surface 5三个面的表面(Surface)特性均设置为完美反射面(Perfect Mirror).

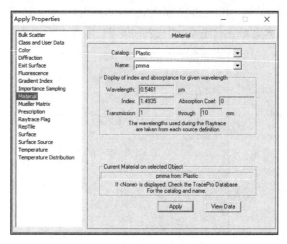

图 3.5　导光板材质设置

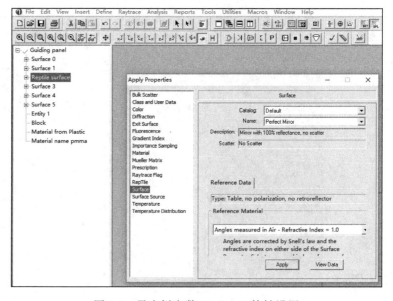

图 3.6　导光板参数 Surface 2 特性设置

2. LED 背光源设置

依次插入 3 个 Block，分别将这 3 个 Block 命名为 LED1、LED2 和 LED3，如图 3.7 所示，将它们在 X、Y 和 Z 方向的尺寸均分别按照商用的 020 白光 LED 芯片的长、宽、高尺寸设置，即 4mm、0.8mm 和 0.4mm，并将它们设置在距离 Guiding panel 0.1mm 处的位置，在本实验中它们的间隔设置为 13.5mm，因此将 LED1 在 X、Y 和 Z 方向上的中心坐标(Center Position)分别设置为 0、0 和 20.03，将 LED2 在 X、Y 和 Z 方向上的中心坐标(Center Position)分别设置为 13.5、0 和 20.03，将 LED3 在 X、Y 和 Z 方向上的中心坐标(Center Position)分别设置为–13.5、0 和 20.03. 最后，将 LED1、LED2 和 LED3 靠近 Guiding panel 的那个面（即 Surface 1）的名字均修改为 Lighting surface，并在其 Properties...选项中设置它们的表面光源(Surface Source)特性，如图 3.8 所示，即发射形式(Emission Type)选光通量(Flux)，单位(Units)为辐度学(Radiometric)，场角分布类型(Angular dist)为朗伯型(Lambertian)，总的光通量(Flux)设置为 0.2W，最大光线数(Total Rays)设置为 10000(太少的话可能会导致光线采样不足影响模拟计算结果). 波长(Wavelength)设置为 0.45μm，即在波长(Wavelength)设置窗口输入 0.45，然后单击添加(Add)按钮即可.

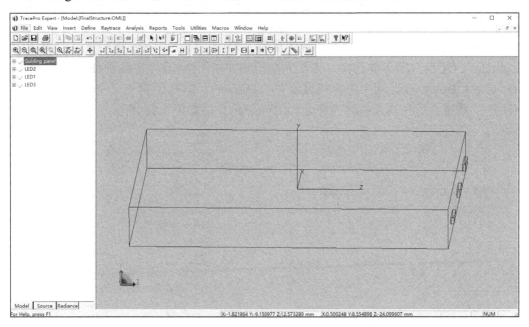

图 3.7　LED 背光源模型设置

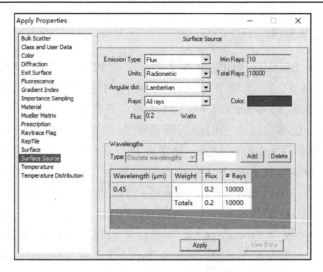

图 3.8　LED 发光面特性设置

3. 光源反射罩模型建立

依次插入两个(在 Insert 菜单栏选择 Primitive Solids…选项，在弹出窗口中选择圆柱/圆锥(Cylinder /Cone))Cylinder，即 Cylinder 1 和 Cylinder 2，将 Cylinder 1 和 Cylinder 2 的结构参数分别按照图 3.9 和图 3.10 所示设置. 依次选中 Cylinder 1 和 Cylinder 2(注意次序不能选错，否则无法得到期望的结构)，在编辑(Edit)菜单中的布尔运算(Boolean)选项中选择相减操作(Subtract)，即可得到一个空心的圆柱体壳(注意：系统自动将该圆柱体壳命名为 Cylinder 1)，如图 3.11 所示.

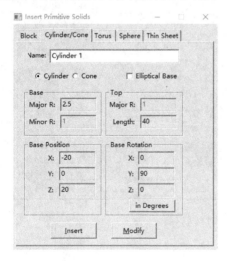

图 3.9　Cylinder 1 结构参数设置

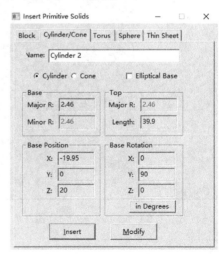

图 3.10　Cylinder 2 结构参数设置

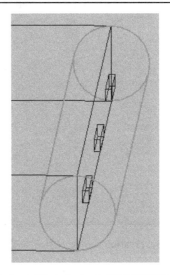

图 3.11　Cylinder 1 和 Cylinder 2 相减得到的空心圆柱体壳

接着，插入一个和 Guiding panel 大小一样的 Block，依次选择 Cylinder 1 和新插入的 Block，将二者做相减操作，即可得到最终的 LED 光源反射罩，如图 3.12 所示．将得到的反射罩命名为 Reflector，该反射面有 7 个面，将其中的 Surface 1、Surface 2 和 Surface 3 的名字分别修改为 Reflecting surface 1、Reflecting surface 2 和 Reflecting surface 3，并将它们的表面特性均设置为完美反射面（Perfect Mirror），这样，LED 光源的反射罩就建模完成．

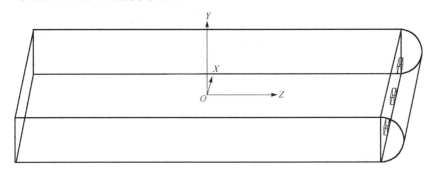

图 3.12　LED 光源反射罩建模

4. 观察面设置

插入一个 Block，将其名字修改为 Observation screen，其尺寸和位置参数设置如图 3.13 所示．将其靠近导光板的那个面（即 Surface 2）的名字修改为 Screen，并将其表面属性设置为完美吸收面（Perfect Absorber），以便在仿真完成后观察和分析从导光板出射的光在该面的辐照度分布情况．

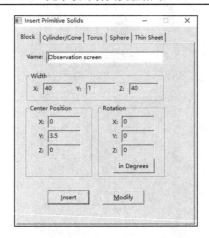

图 3.13　Observation screen 尺寸和位置参数设置

5. 导光板鳞甲结构设置

在定义(Define)菜单栏中依次选择编辑材质(Edit Property Data)→鳞甲材质(RepTile Properties...)，在弹出的窗口中，单击新增特性(Add Property...)新建鳞甲结构，在弹出的窗口中，将特性名称(Name)设置为 RepTile structure-0.1，变化方式(Variation Type)设置为常数(Constant)，几何形状(Geometry Type)设置为球形(Sphere)，鳞甲排布类型(Tile Type)设置为方形(Rectangles)，最后单击"OK". 接着，如图 3.14 所示，将鳞甲排布参数(Tile Parameters)，即宽(Width)和高(Height)均设置为 1mm，将鳞甲的半径(Radius(mm))和深度(Depth/Height(mm))均设置为0.1mm，同时，单击"Bump"，使得鳞甲性转为凸起，一个纵横间隔为 1mm、半径为 0.1mm 的半球方形鳞甲阵列构建完毕. 用同样的方法，依次建模半径为 0.15mm、0.2mm、0.25mm、0.4mm 的半球方形鳞甲阵列，鳞甲单元的间隔均不变，为 1mm.

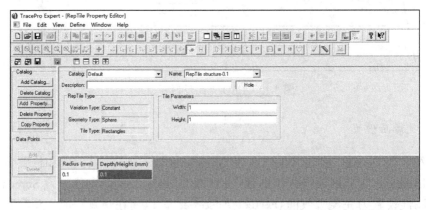

图 3.14　纵横间隔为 1mm、半径为 0.1mm 的半球方形鳞甲阵列设置

　　将导光板的 Surface 2 面名字修改为 RepTile Surface，打开其属性设置窗口（Rep Tile），如图 3.15 所示将设置好的鳞甲结构添加在 RepTile Surface 面. 值得注意的是，鳞甲的表面名称（Surface Name）为漫反射面（Diffuse White），鳞甲阵列总的宽（Width）和高（Height）需要适当地比 RepTile Surface 的尺寸小一些，这里取 39mm，单击"Apply"，即可将构建的鳞甲阵列添加在 RepTile Surface 面. 图 3.16 所示为将半径为 0.2mm 的鳞甲阵列添加在 RepTile Surface 面后的结构图.

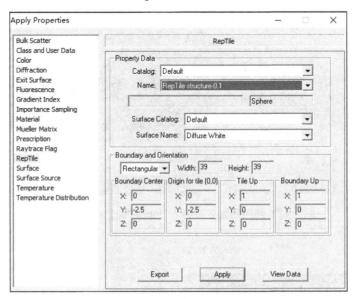

图 3.15　将设置好的鳞甲结构添加在 RepTile Surface 面

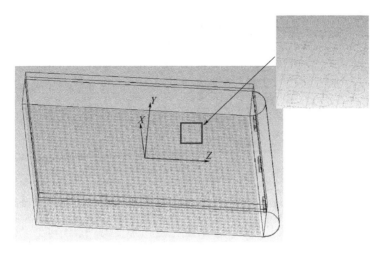

图 3.16　将半径为 0.2mm 的鳞甲阵列添加在 RepTile Surface 面后的结构图
插图为方框中的鳞甲阵列的局部放大图

6. 仿真计算

单击 Raytrace 菜单里的 Trace Rays 进行仿真计算. 图 3.17 所示为鳞甲凸起半径为 0.2mm 时的光线追迹结果. 图 3.18～图 3.22 所示为导光板底部分别放置鳞甲半径为 0.1mm、0.15mm、0.2mm、0.25mm 和 0.4mm 的鳞甲阵列时，在 Screen 面上得到的辐照度分布图.

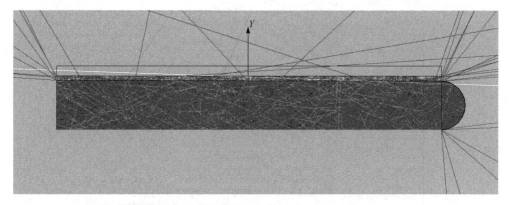

图 3.17　鳞甲凸起半径为 0.2mm 时的光线追迹结果

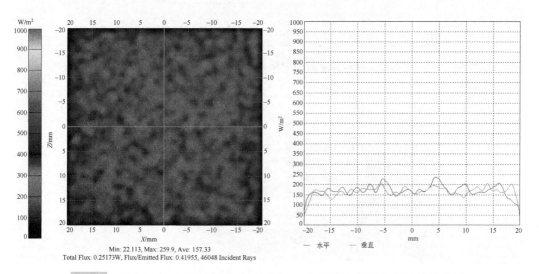

Min: 22.113, Max: 259.9, Ave: 157.33
Total Flux: 0.25173W, Flux/Emitted Flux: 0.41955, 46048 Incident Rays

图 3.18　导光板底部放置鳞甲半径为 0.1mm 的鳞甲阵列时的辐照度分布图

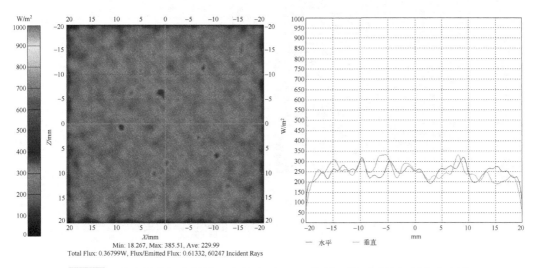

Min: 18.267, Max: 385.51, Ave: 229.99
Total Flux: 0.36799W, Flux/Emitted Flux: 0.61332, 60247 Incident Rays

图 3.19　导光板底部放置鳞甲半径为 0.15mm 的鳞甲阵列时的辐照度分布图

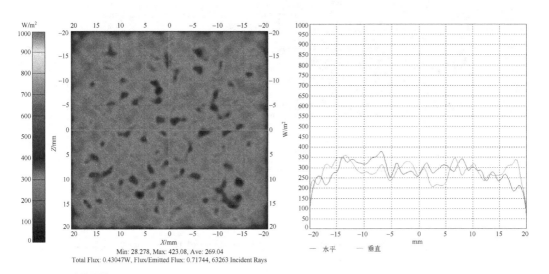

Min: 28.278, Max: 423.08, Ave: 269.04
Total Flux: 0.43047W, Flux/Emitted Flux: 0.71744, 63263 Incident Rays

图 3.20　导光板底部放置鳞甲半径为 0.2mm 的鳞甲阵列时的辐照度分布图

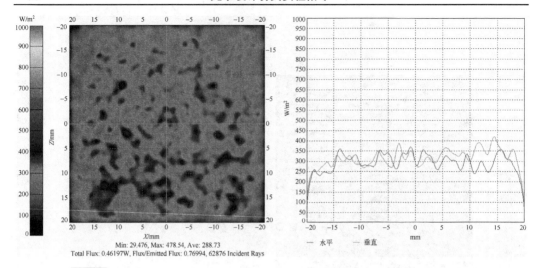

图 3.21 导光板底部放置鳞甲半径为 0.25mm 的鳞甲阵列时的辐照度分布图

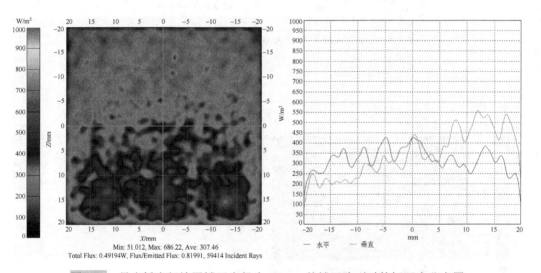

图 3.22 导光板底部放置鳞甲半径为 0.4mm 的鳞甲阵列时的辐照度分布图

7. 仿真结果分析

用九宫格法(将观察面平均分成 9 份,读出每部分对角线交点处的辐照度值,计算出这 9 个点的平均辐照度,然后将这 9 个点中的最小辐照度除以平均辐照度即为该观察面上的辐照度均匀度)计算图 3.18~图 3.22 所示的 Screen 面上的辐照度均匀度,计算结果为:当鳞甲半径分别为 0.1mm、0.15mm、0.2mm、0.25mm 和 0.4mm 时,辐照度均匀度分别为 0.89、0.93、0.88、0.81 和 0.57. 从这组数据中可以看出,当鳞甲半径小于 0.25mm 左右的时候,观察面上的辐照度均匀度满足实验要求的不

低于 0.8；当鳞甲半径大于 0.25mm 的时候，辐照度均匀度急剧下降. 另外，从图
3.18～图 3.22 中还可以看出，随着鳞甲半径从 0.1mm 依次增加到 0.15mm、0.2mm、
0.25mm 和 0.4mm，在 Screen 面上得到的总的光辐射通量分别约为 0.25W、0.37W、
0.43W、0.46W 和 0.49W，这说明鳞甲半径越小，观察面上的光辐射通量越小. 因此，
在本实验的模型中，合适的鳞甲半径在 0.2～0.25mm 的范围内.

【实验小结】

通过本实验的学习和实践操作，可以了解和掌握使用 TracePro 软件设计并优化
侧入式 LED 背光均匀照明的方法.

【实验扩展】

读者可以通过改变本模型中的其他参数，如鳞甲间隔、鳞甲排布形状或者 LED
的间距，自行进行模型仿真，来观察这些参数对 Screen 面上光辐射通量和辐照度均
匀度的影响.

案例 4 彩图

案例 4　道路均匀照明设计

4.1　道路照明设计背景介绍

2009 年初, 为了推动中国 LED 产业的发展, 降低能源消耗, 科技部推出了"十城万盏" LED 道路照明应用示范城市方案, 该计划涵盖北京、上海、深圳、武汉等 21 个国内主要城市. 目前, LED 路灯已经在各个城市得到广泛应用. 合理的 LED 道路照明设计可以为驾驶员以及行人创造良好的视觉环境, 保障交通安全, 提高交通运输效率, 方便人民生活. 因此 LED 道路照明工程在实际实施的时候需要提前进行充分的道路照明设计, 而基于 DIALux 软件的道路照明设计可以为实际的 LED 道路照明工程提供照明解决方案分析.

DIALux 软件是一款照明设计软件, 该软件可以针对室内、室外和街道的照明场景, 用真实灯具的配光进行照明规划与计算, 提供照明数据和三维可视化的照明效果, 并可以导出报表进行综合分析.

4.2　基于 DIALux 软件的道路均匀照明设计实验

【实验目的】

(1) 掌握使用 DIALux 软件进行道路均匀照明设计的方法;

(2) 掌握使用道路照明标准从照度和亮度两个角度评估道路照明效果的方法.

【实验要求】

(1) 使用 DIALux 软件模拟仿真本实验给定的三种灯具在双向 4 车道道路场景中的照明效果, 并参照《城市道路照明设计标准》[①]评估这三种灯具中哪种灯具的照明效果最符合要求.

(2) 对灯具和灯杆的排列要求: 灯具相对排列在道路两侧, 安装高度为 10m, 相邻两个灯杆之间的距离为 30m.

---

① 《城市道路照明设计标准》(CJJ45—2015)是中华人民共和国住房和城乡建设部于 2015 年发布的道路照明设计行业标准.

(3)对道路的要求：双向共 4 个车道，对向车道中间设 1m 宽的隔离带，每个方向的道路宽度为 7m，平均分成 2 个车道，每个方向的车道外侧分别设 5m 宽的自行车道.

【实验原理和步骤】

1. 双向 4 车道街道模型建立

1)街道设置

打开 DIALux 软件，得到如图 4.1 所示的软件初始界面，选择"新的街道设计案"，来到街道设计初始界面，如图 4.2 所示. 将当前项目另存，项目名改修为"街道 1". 在图 4.2 所示界面的左侧任务管理器子窗口选择"排列"，来设计街道布局. 可以看出，图 4.2 所示的街道(即街道 1)仅有一个道路(即道路 1)，而本实验的道路模型为双向车道，故需要添加另一个道路，通过单击排列窗口右侧中的"车道"选项，便可粘贴一条道路在街道模型中，系统默认粘贴(也即新增)的道路名为"道路 2". 注意，在粘贴一个道路后，软件会自动在两个道路中间添加一个分隔岛. 同样地，通过单击两次"自行车道"按钮，就可以在街道模型中粘贴两个自行车道，即自行车道 1 和自行车道 2. 选中自行车道 1 或自行车道 2，通过在排列窗口单击向下箭头即可将自行车道移动到相应的道路旁边，自行车道移动后的模型如图 4.3 所示.

图 4.1　DIALux 软件初始界面

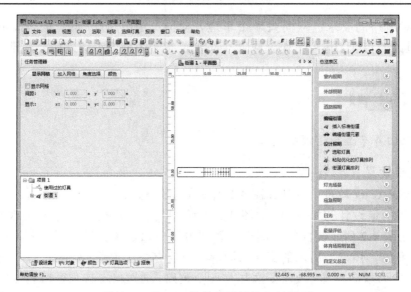

图 4.2　DIALux 软件街道设计初始界面

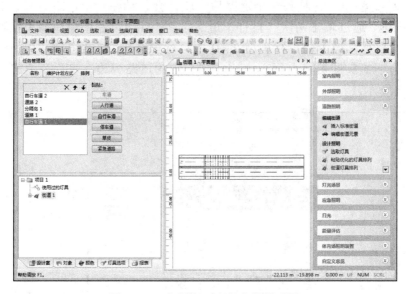

图 4.3　双车道和双自行车道模型图

　　单击界面左侧下方"项目 1"目录中的"道路 1"，将道路 1 的宽设置为 7m，线道数量设置为 2，即每个车道宽 3.5m，如图 4.4 所示. 同样的方法，将道路 2 的宽也设置为 7m，线道数量设置为 2. 需要注意的是，在道路 1 和道路 2 的任务管理器中，有一个选项是设置每个道路上的观察器(用于收集道路上的亮度数据)，图 4.5 和图 4.6 分别为道路 1 和道路 2 的观察器设置情况. 本实验按照软件的默认设置，即两条道路的观察器模拟的是平均年龄为 23 岁的观察员在每个线道中间,距离观察点 60m、高度 1.5m 处观察道路照明情况，并收集道路亮度数据.

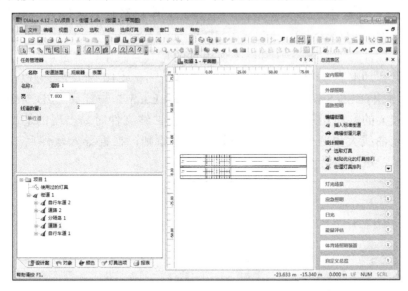

图 4.4　道路参数设置

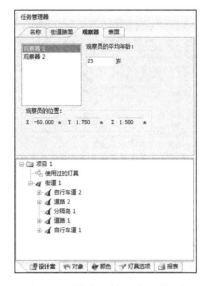

图 4.5　道路 1 的观察器设置

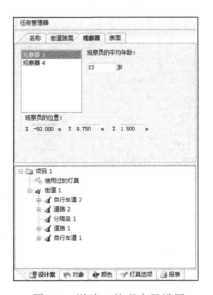

图 4.6　道路 2 的观察器设置

在街道模型中，软件自动插入的分隔岛的宽度为 1m(可单击分隔岛 1 查看其参数)，在本街道设计案中，分隔岛的宽度仍采用合理的 1m. 同时，将自行车道 1 和自行车道 2 的宽度均设置为 5m.

2)灯具添加

根据路径"文件→导入→灯具文件…",将提前保存好的三个灯具文件依次添加到 DIALux 软件中,本实验用的三个灯具文件和灯具名字均分别命名为 LED Street Lamp 1、LED Street Lamp 2 和 LED Street Lamp 3. 导入成功后,这三个灯具将会出现在软件界面左侧下方项目 1 使用过的灯具目录中,如图 4.7 所示. 三个灯具的光通量和功率见表 4-1,配光曲线见图 4.8～图 4.10. 同时,可以从图 4.8～图 4.10 中看出,LED Street Lamp 2 和 LED Street Lamp 3 与灯具 LED Street Lamp 1 发光范围较大的方向相差 90°,这也是导入配光曲线文件时易出现的情况,读者需要按照配光曲线大角度分布方向沿道路方向的原则,根据导入软件后的实际光能量分布情况,进行旋转 90°调整.

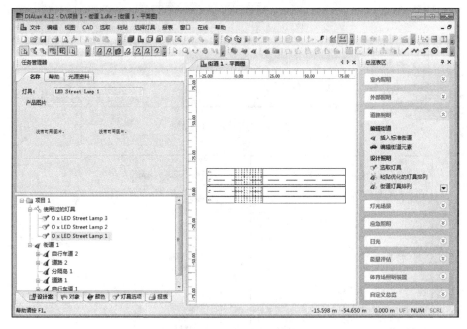

图 4.7　导入灯具文件

表 4-1　道路照明的 LED 灯具的光通量和功率参数

参数	灯具		
	LED Street Lamp 1	LED Street Lamp 2	LED Street Lamp 3
光通量/lm	13094	17500	11760
功率/W	140	205	128

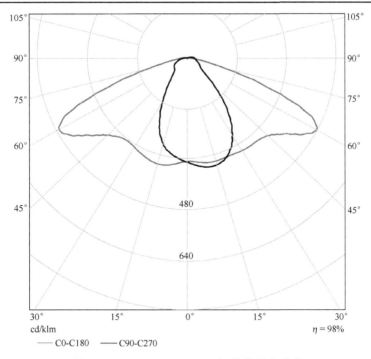

图 4.8　LED Street Lamp 1 灯具的配光曲线

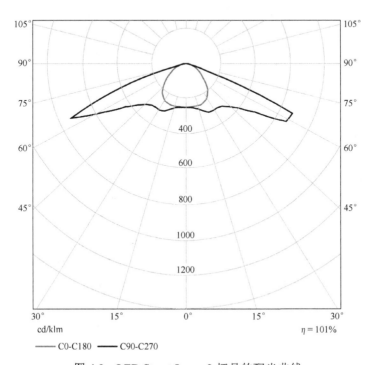

图 4.9　LED Street Lamp 2 灯具的配光曲线

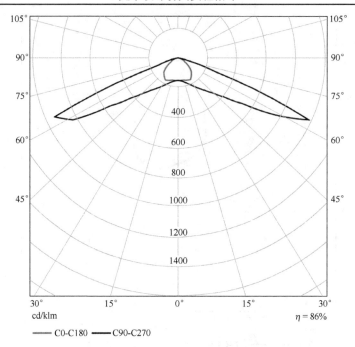

图 4.10　LED Street Lamp 3 灯具的配光曲线

　　在软件右侧总览表区的道路照明模块中选择"街道灯具排列"选项,接着在左侧的任务管理器中的灯具中选择"LED Street Lamp 1",然后单击下方的"粘贴"按钮,即可将该灯具添加到项目 1 的列表中(如图 4.11 所示).在左侧栏项目 1 列表中选择"街道排列",在"排列"栏中设置灯具的排列方式为双排相对,在"灯杆排列"栏中分别设置灯具安装高度为 10m,每一个灯杆上的灯具数为 1,两个灯杆之间的距离为 30m,纵向位移依据默认值设置,即为 0m.值得注意的是,与工作面的距离不用手动设置,软件会结合灯具安装高度和灯具的实际尺寸自行计算并显示.在"灯杆与灯具的距离"栏中分别设置灯杆与灯具的距离为 2m,灯具的倾斜度为 12°(因实际的道路都有一定的宽度,故灯具均需向上倾斜安装).灯杆与道路之间的距离设置为 0m,突出部分不用手动输入,软件会根据灯杆与灯具之间的距离、灯杆与道路之间的距离和灯具的实际尺寸自行计算并显示.旋转角度依旧采用软件的默认值,即 0°.在软件界面顶部的快捷菜单栏中找到"3D 视图"按钮并单击,打开街道的 3D 视图,同时,单击"配光曲线显示"按钮或通过"视图→显示配光曲线分布"路径,将配光曲线显示在街道 3D 视图中,如图 4.12 所示.从图 4.12 中可以看出,该灯具的配光曲线发光范围大的方向平行于道路纵向方向,经分析安装合理.至此,有关街道 1 的各项参数和照明模型已经设置完成.

图 4.11　将灯具 LED Street Lamp 1 添加到道路模型

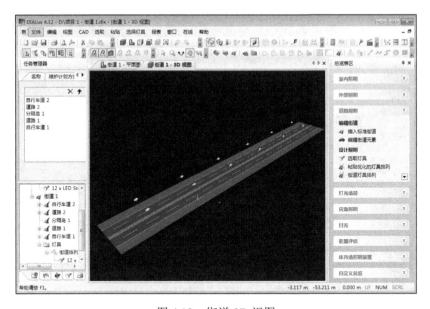

图 4.12　街道 3D 视图

2. 仿真计算街道模型

接下来，需要仿真计算照明模型，在开始计算前，需要在软件左侧底部的"报表"栏中选择分析道路照明效果所需要显示和计算的数据清单，如图 4.13 所示. 清单选择完成后，即可开始计算(报表→开始计算)，需要注意的是，在单击"开始计算"按钮后会弹出如图 4.14 所示窗口，在这里，为了让计算更加精确，可以选择耗时长的"非常精确"计算方式. 最后，单击"确定"即可开始计算. 计算结束后，根据路径"文件→导出→报表另存为 PDF..."，将计算的结果以报表的形式导出，导出的文件命名为"道路照明灯具 LED Street Lamp 1". 依次将街道排列的灯具更换为 LED Street Lamp 2 灯具和 LED Street Lamp 3 灯具，街道参数保持不变，灯具排列参数按照上文 LED Street Lamp 1 的设置重新设置. 需要注意的是，在计算这两个灯具的照明效果前，需要将这两个灯具的配光曲线旋转 90°，使得发光范围大的方向平行于道路纵向方向. 图 4.15 和图 4.16 分别为灯具 LED Street Lamp 2 的配光曲线旋转 90°前后的模型图. 在对这两个灯具的照明效果计算完成后，分别将导出的文件命名为"道路照明灯具 LED Street Lamp 2"和"道路照明灯具 LED Street Lamp 3".

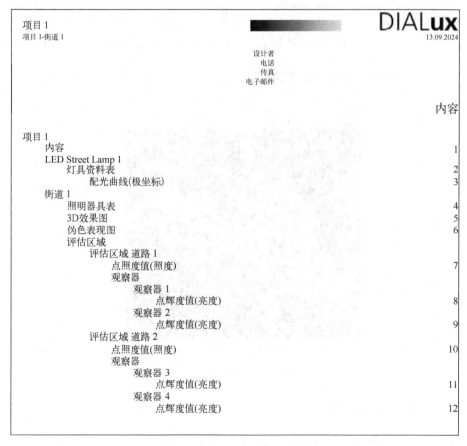

图 4.13　数据清单

图 4.14　道路照明模型计算

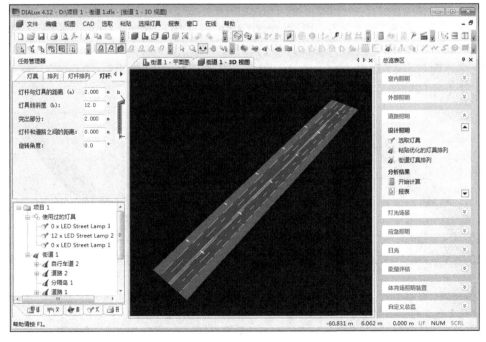

图 4.15　未将灯具 LED Street Lamp 2 的配光曲线旋转 90°的模型图

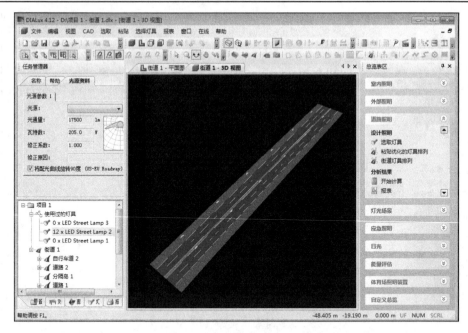

图 4.16　将灯具 LED Street Lamp 2 的配光曲线旋转 90°的模型图

3. 计算结果分析

图 4.17～图 4.19 分别为 LED Street Lamp 1、LED Street Lamp 2 和 LED Street Lamp 3 三个灯具在道路上的照度分布伪色图."道路照明灯具 LED Street Lamp 1"、"道路照明灯具 LED Street Lamp 2"和"道路照明灯具 LED Street Lamp 3"三个报表文件中相应的道路照度和亮度数据详情如下所述.

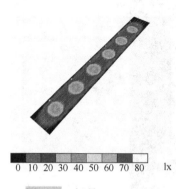

图 4.17　灯具 LED Street
Lamp 1 在道路上的照度分布
伪色图

图 4.18　灯具 LED Street
Lamp 2 在道路上的照度分布
伪色图

图 4.19　灯具 LED Street
Lamp 3 在道路上的照度分布
伪色图

1）道路照度数据

灯具 LED Street Lamp 1～LED Street Lamp 3 的道路照明照度数据如表 4-2 所示.

表 4-2　不同灯具的道路照明照度数据

灯具	平均照度 E_{ave}/lx	最小照度 E_{min}/lx	最大照度 E_{max}/lx	照度均匀度 U_E
LED Street Lamp 1	27	16	44	0.59
LED Street Lamp 2	33	22	42	0.67
LED Street Lamp 3	20	16	22	0.8

2）道路亮度数据

灯具 LED Street Lamp 1 的 4 个观察器采集到的道路照明亮度数据如表 4-3 所示.

表 4-3　灯具 LED Street Lamp 1 的道路照明亮度数据

观察器	平均亮度 L_{ave}/(cd/m^2)	总亮度均匀度 U_0	纵向亮度均匀度 U_L	眩光限制阈值增量 TI/%
观察器 1	1.66	0.70	0.77	8
观察器 2	1.65	0.64	0.87	9
观察器 3	1.66	0.63	0.87	10
观察器 4	1.66	0.69	0.77	8

灯具 LED Street Lamp 2 的 4 个观察器采集到的道路照明亮度数据如表 4-4 所示.

表 4-4　灯具 LED Street Lamp 2 的道路照明亮度数据

观察器	平均亮度 L_{ave}/(cd/m^2)	总亮度均匀度 U_0	纵向亮度均匀度 U_L	眩光限制阈值增量 TI/%
观察器 1	2.01	0.61	0.41	3
观察器 2	2.02	0.57	0.58	5
观察器 3	2.15	0.63	0.69	8
观察器 4	2.12	0.69	0.51	7

灯具 LED Street Lamp 3 的 4 个观察器采集到的道路照明亮度数据如表 4-5 所示.

表 4-5　灯具 LED Street Lamp 3 的道路照明亮度数据

观察器	平均亮度 L_{ave}/(cd/m^2)	总亮度均匀度 U_0	纵向亮度均匀度 U_L	眩光限制阈值增量 TI/%
观察器 1	1.42	0.50	0.29	4
观察器 2	1.45	0.43	0.37	6
观察器 3	1.41	0.37	0.33	6
观察器 4	1.40	0.40	0.23	3

　　表 4-6 所示为《城市道路照明设计标准》(CJJ45—2015)中规定的机动车交通道路照明标准值. 通过综合分析三个灯具在照度和亮度上的照明数据(见表 4-2～表 4-5)可知, 在照度上, 三种灯具在道路上的平均照度和照度均匀度(最小照度/平均照度)均满足《城市道路照明设计标准》中的要求, 其中, 灯具 LED Street Lamp 3 的照度均匀度最高. 在亮度上, 灯具 LED Street Lamp 3 在每个线道上的平均亮度均不满足《城市道路照明设计标准》中要求的不低于 1.5cd/m², 其各个线道上的纵向亮度均匀度也低于要求的 0.7, 同时, 该灯具的亮度均匀度是三个灯具中最低的; 灯具 LED Street Lamp 2 在每个线道上的平均亮度和总亮度均匀度均满足《城市道路照明设计标准》中的要求, 但是其在各个线道上的纵向亮度均匀度均低于要求的 0.7; 灯具 LED Street Lamp 1 在平均亮度、总亮度均匀度和纵向亮度均匀度三方面全部满足《城市道路照明设计标准》中的要求.

表 4-6　机动车交通道路照明标准值

级别	道路类型	路面亮度			路面照度		眩光限制阈值增量 TI/%最大初始值	环境比 SR 最小值
		平均亮度 L_{ave}/(cd/m²)	总均匀度 U_o 最小值	纵向均匀度 U_L 最小值	平均照度 E_{ave}/lx 维持值	均匀度 U_E 最小值		
I	快速路、主干路	1.5/2.0	0.4	0.7	20/30	0.4	10	0.5
II	次干路	1.0/1.5	0.4	0.5	15/20	0.4	10	0.5
III	支路	0.5/0.75	0.4	—	8/10	0.3	15	—

　　造成灯具 LED Street Lamp 3 道路照明的照度均匀度高而亮度均匀度低的主要原因是, 照度反映了路面单位面积上的光通量, 而亮度反映了单位面积单位立体角内的光通量, 并且与路面的反射系数相关:

$$L = \frac{r(\beta, \gamma)}{\cos^3 \gamma} E(c, \gamma) \tag{4-1}$$

其中, L 为路面上某一观测点反射光进入人眼的亮度; E 为路面上该观测点的照度; r 为简化亮度系数, 因不同材质的路面、不同观测角度而不同, 可以通过查表获得; $r/\cos^3\gamma$ 为亮度系数, 反映了路面上某一观测点亮度与照度之间的关系; c、β 和 γ 为道路照明路面观测点与灯具之间的夹角, 如图 4.20 所示. 因此, 要实现高亮度均匀度的道路照明, 需要同时结合路面上的亮度系数分布和照度分布特性进行分析和设计.

　　综合以上分析可知, 本实验的道路模型中宜选用灯具 LED Street Lamp 1 作为照明灯.

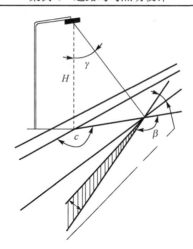

图 4.20　道路照明路面观测点与灯具之间的方位关系

【实验小结】

通过本实验的学习和实践操作，可以了解和掌握使用 DIALux 软件进行道路照明建模和评估照明灯具是否适合给定道路布局的方法，尤其是能够分析道路照明中照度和亮度的区别. 同时，对满足道路照明标准的 LED 路灯的光能量空间分布（配光曲线）也有了更加清晰的认识，为后续采用自由曲面透镜设计来实现所需的配光曲线打下了基础.

【参考文献】

中华人民共和国住房和城乡建设部. 2016. 城市道路照明设计标准: CJJ45—2015. 北京: 中国建筑工业出版社.

第二部分　成像光学设计

　　本部分包含五个成像光学设计实验案例，依次为单透镜优化设计、柯克三片式摄影物镜设计、显微镜设计、变焦镜头设计和全息光波导设计，每个实验都给出了详细的设计原理、方法和步骤. 在成像光学系统的设计中，初始结构的确定至关重要. 本部分的实验案例涵盖了三种光学成像系统设计中的初始结构的确定方法，即经验法、计算法和查资料法. 单透镜优化设计实验采用了经验法来确定单透镜的初始结构；柯克三片式摄影物镜设计实验采用了计算法，即基于初级像差理论的计算法，来确定系统的初始结构；显微镜设计实验和变焦镜头设计实验采用了查资料法来确定物镜和目镜系统的初始结构. 另外，全息光波导设计实验结合了当前的增强现实(AR)技术，是较为前沿的光学设计案例.

案例 5　单透镜优化设计

5.1　单透镜优化设计背景介绍

单透镜是成像光学系统最重要的元件之一. 在成像光学系统设计中, 最基础、最简单的便是单透镜的设计. 本实验通过介绍单透镜的优化设计方法, 让读者学习和掌握使用 Zemax 和 SeeOD 光学设计软件进行单透镜建模和优化设计的方法, 同时掌握球差、彗差、像散、场曲、畸变、垂轴色差和轴向色差这 7 种像差的图像化描述.

SeeOD 光学设计软件是中国科学院软件研究所研制的一款几何光学辅助设计软件. 该软件以光的直线传播、几何原理、光线追迹等为基础, 对光学系统的几何像差和波动像差进行多角度分析, 重点突破光学系统的多变量、多目标的自动优化和公差分析, 可为各个行业几何光学系统的设计提供仿真技术支撑. SeeOD 光学设计软件采用 BS(browser-server, 即浏览器-服务器)架构, 即软件为网页(Web)版, 用户无需安装程序直接登录浏览器就可以从网站进行访问操作, 支持跨平台操作.

5.2　单透镜优化设计实验

【实验目的】

(1)熟悉使用 Zemax 和 SeeOD 光学设计软件;

(2)掌握使用 Zemax 和 SeeOD 光学设计软件进行单透镜建模和优化设计的方法.

【实验要求】

(1)使用 Zemax 和 SeeOD 光学设计软件优化设计焦距 $f = 100$mm、f 数为 5、材质为 BK7 玻璃、最大半视场为 5°且工作在可见光波段的单透镜;

(2)优化像面上的最小光斑直径, 使得像面上的光斑最小.

【实验原理和步骤】

本实验分别用 Zemax 和 SeeOD 光学设计软件介绍单透镜的优化设计原理和步骤.

1. 使用 Zemax 光学设计软件优化设计单透镜的原理和步骤

1)单透镜建模

打开 Zemax 光学设计软件, 初始界面如图 5.1 所示. 初始界面的顶部为菜单栏和快捷菜单栏区域, 左边为所设计系统的系统选项设置区域, 右边默认为镜头编辑器窗口. 镜头编辑器窗口主要用于设置所设计系统的结构参数. 镜头编辑器窗口默认有三个光学面, 即物面(默认编号 0)、光阑(默认编号 1)和像面(默认编号 2). 在实际镜头设计的时候, 往往需要在物面和像面之间插入多个光学面.

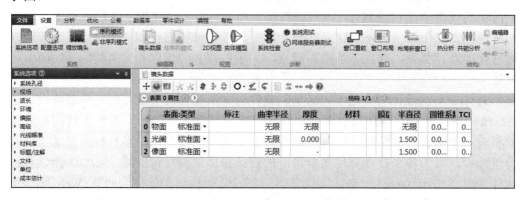

图 5.1 Zemax 光学设计软件初始界面

因单透镜的焦距为 100mm, f 数为 5, 因此可以计算得到系统的入瞳直径为 20mm(100mm/5=20mm). 在软件界面左侧系统选项菜单栏中, 单击“系统孔径”左侧的三角形符号, 展开系统孔径菜单栏, 如图 5.2 所示, 将孔径类型设置为入瞳直径, 孔径值设置为 20mm, 系统孔径的其他参数按照默认值设置. 单击“系统孔径”下方的“视场”选项左侧的三角形符号, 展开视场编辑器, 在设置选项中, 将视场类型设置为角度(即物在物方无穷远处或入射光为平行光), 其他设置采用默认设置; 单击“Field 1”下方的“Add Field”选项左侧的三角形符号展开该选项, 勾选启用, 则“Add Field”文字标识自动更新为“Field 2”, 将其 Y 值设置置为 3.5°(即 0.707 视场), 同样的方法, 单击“Field 2”下方的“Add Field”选项左侧的三角形符号展开该选项, 勾选启用, 将自动更新出现的“Field 3”的 Y 值设置为 5°(即最大视场), 其他值不变, 如图 5.3 所示. 单击“视场”选项下方的“波长”选项左侧的三角形符号, 展开波长编辑器, 展开设置选项, 单击“选为当前”按钮, 即可将当前系统的入射光设置为“F, d, C(可见)”, 如图 5.4 所示.

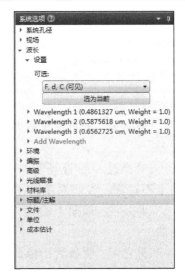

图 5.2　系统孔径设置　　　　图 5.3　系统视场设置　　　　图 5.4　系统波长设置

一个完整的单透镜成像系统至少需要包含五个面, 即物面、光阑面、透镜前表面、透镜后表面和像面. 在本实验的初始设计中, 将光阑面设置在透镜前表面上, 因此, 只需要在镜头编辑器中插入一个面, 即在像面那一行数据上面插入一个面型数据行(具体做法为: 单击像面以选中, 然后按下键盘上的 Insert 键即可插入一个面型数据行, 也可以将光标放在像面那一行, 右击, 然后选择 "插入表面" 选项).

根据经验可知, 对于凸透镜来说, 其两个表面曲率半径的大小和焦距相差不大, 因此在镜头编辑器中可先将透镜的前表面的半径值设置为 100mm, 后表面的半径值设置为–100mm, 透镜的厚度取 6mm. 在透镜前表面(编号为 1 的面)的材料那一栏手动键入 BK7, 即可将系统的透镜材料设置为 BK7 玻璃. 将透镜后表面的厚度的求解类型设置为边缘光线高度(具体做法为: 单击编号为 2 的那个面的厚度一格末端的空白小方块, 在弹出窗口里将求解类型选择为边缘光线高度, 高度值和光瞳区域的值均按照默认设置为 0, 意为像面位于系统近轴区域的边缘光线交于光轴上的位置).

以上设置完成后, 单击软件窗口顶部的更新按钮(带箭头的环形蓝色按钮), 便可得到目标透镜的初始结构数据, 如图 5.5 所示. 在软件界面的底部可以看到, 所建模的单透镜的有效焦距(EFFL)值为 97.7484mm, 非常接近实验要求的 100mm 的值.

单击软件界面上方快捷键栏中的 "2D 视图" 按钮(或者在分析菜单栏中单击 "2D 视图" 按钮), 打开所建模的单透镜系统初始结构的 2D 视图, 如图 5.6 所示. 同时, 在软件界面上方的分析菜单栏中的光线迹点子菜单栏中选择 "标准点列图", 打开单透镜系统的标准点列图, 默认显示为像面上的光斑分布情况, 如图 5.7 所示. 从图 5.7 可以看出, 在像面上, 0°、3.5°和 5°视场在像面上的像点的 RMS 值分别为 129.083、

172.749 和 216.681(单位均为 μm)，远大于艾里斑半径(约 3.5μm). 图 5.8 所示为系统像面上的光线像差图(打开路径为：分析→像差分析→光线像差图). 结合图 5.7 和图 5.8 可以看出，初始系统有严重的像差. 下面分别简要指出该初始系统的像差：

(1)球差. 0°视场在像面上的光斑直径很大，远大于艾里斑半径，说明初始单透镜有很严重的球差.

(2)彗差. 分布在垂直方向上的光斑集中在椭圆形的底部，说明系统存在较大的彗差.

(3)像散. 3.5°视场和 5°视场在像面上的光斑和光线像差在水平(X)和垂直(Y)方向上不对称，说明系统存在像散.

(4)场曲. 像面上的光斑直径和光线像差随着视场的增加而增加，说明系统存在场曲.

(5)色差. 明显看出像面上代表红、绿、蓝三种波长的光迹分得较开，可以判断系统存在明显的轴向色差.

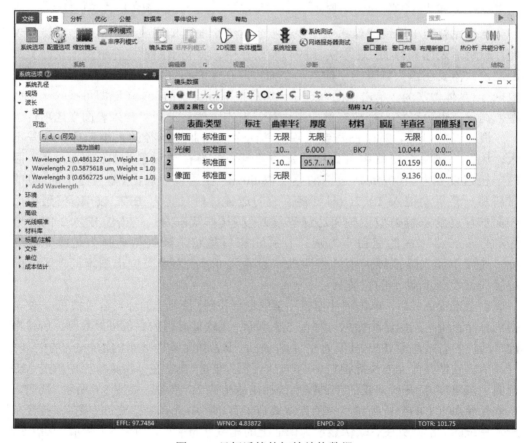

图 5.5　目标透镜的初始结构数据

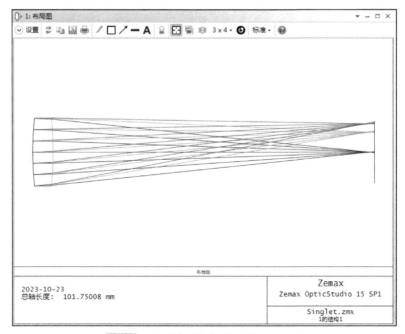

图 5.6　单透镜系统初始结构 2D 视图

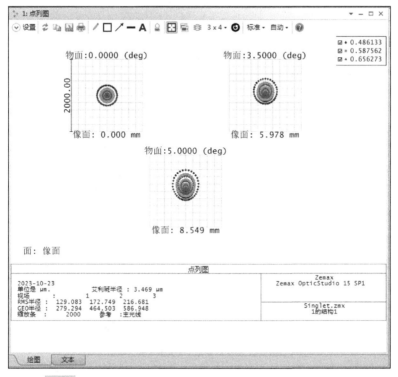

图 5.7　单透镜系统初始结构像面上的标准点列图(Zemax)

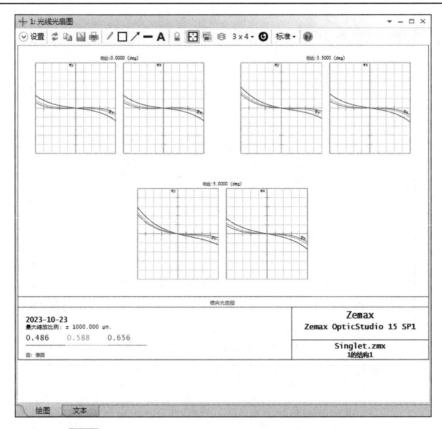

图 5.8　单透镜系统初始结构像面上的光线像差图(Zemax)

图 5.9 所示为优化前单透镜的垂轴色差图(打开路径为：分析→像差分析→垂轴色差)，可以看出，单透镜初始结构的垂轴色差值在艾里斑范围内(图中虚线的位置代表艾里斑的边界)，这表明初始系统的垂轴色差很小，可以忽略. 图 5.10 所示为优化前单透镜的场曲/畸变图(打开路径为：分析→像差分析→场曲/畸变)，可以看出，优化前的单透镜存在少量的畸变，且在人眼可接受的范围(低于 4%的畸变人眼几乎无法察觉).

2) 单透镜的第一次优化

第一步，编辑评价函数编辑器. 在优化菜单栏中打开评价函数编辑器，在评价函数编辑器窗口中展开优化向导，如图 5.11 所示，将优化函数的类型设置为 RMS，标准设置为光斑半径(即优化像面上不同视场的像点大小)，参考光线设置为主光线. 光瞳采样类型选高斯求积，按照默认设置 3 环 6 臂(要想使得计算更加准确，可以设置更高的环臂数量，但是同时计算量也会更大，读者可根据实际需要自行合理设置). 在厚度边界设置窗口，将玻璃的最小中心厚度设置为 2mm，最大中心厚度设置为 10mm，边缘厚度设置为 1mm. 将空气的最小中心厚度设置为 0.1mm，最大中心厚度设置为 100mm，边缘厚度设置为 1mm. 设置完成后单击"确定". 在生成的操作数列表中，在 DMFS 这一行的上方插入一行空白操作数 BLNK，然后将"BLNK"替换为"EFFL"，即有效焦距操作数，将其目标值设置为 100，意思是控制单透镜的焦距为 100mm；同时将其权重设置为 1. 单击评价函数编辑器右上角的刷新按钮，EFFL 这一行操作数的评估值即更新为当前系统的实际焦距值，即 97.748mm，如图 5.12 所示，该值与图 5.5 底部所示的有效焦距值 (97.7484mm) 基本一致，读者可自行查看对比. 另外，从评价函数编辑器的顶部还可以看到当前系统的评价函数值约为 0.71，对于光学系统来说，系统像差越小，评价函数值越小，评价函数值为 0 的系统没有像差，但是没有像差的系统是不存在的，一般认为，只要像差在可接受的范围内，系统就已经校正了像差，评价函数值也就不一定要为 0. 最后，关闭评价函数编辑器窗口.

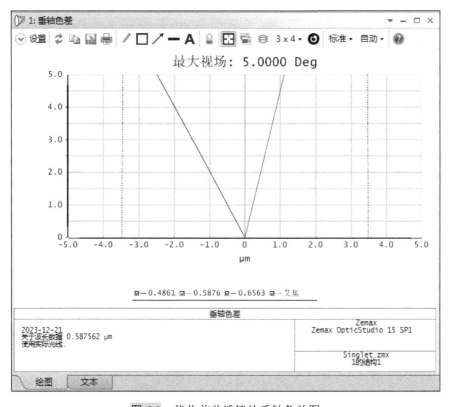

图 5.9　优化前单透镜的垂轴色差图

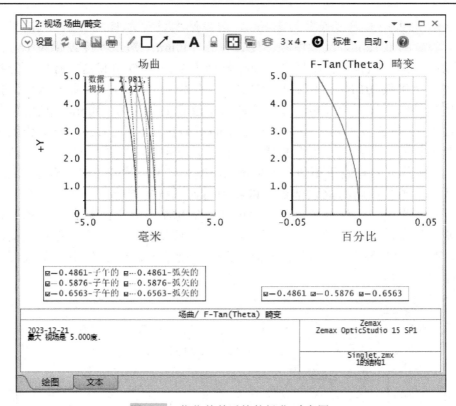

图 5.10　优化前单透镜的场曲/畸变图

图 5.11　评价函数编辑器的优化向导设置窗口

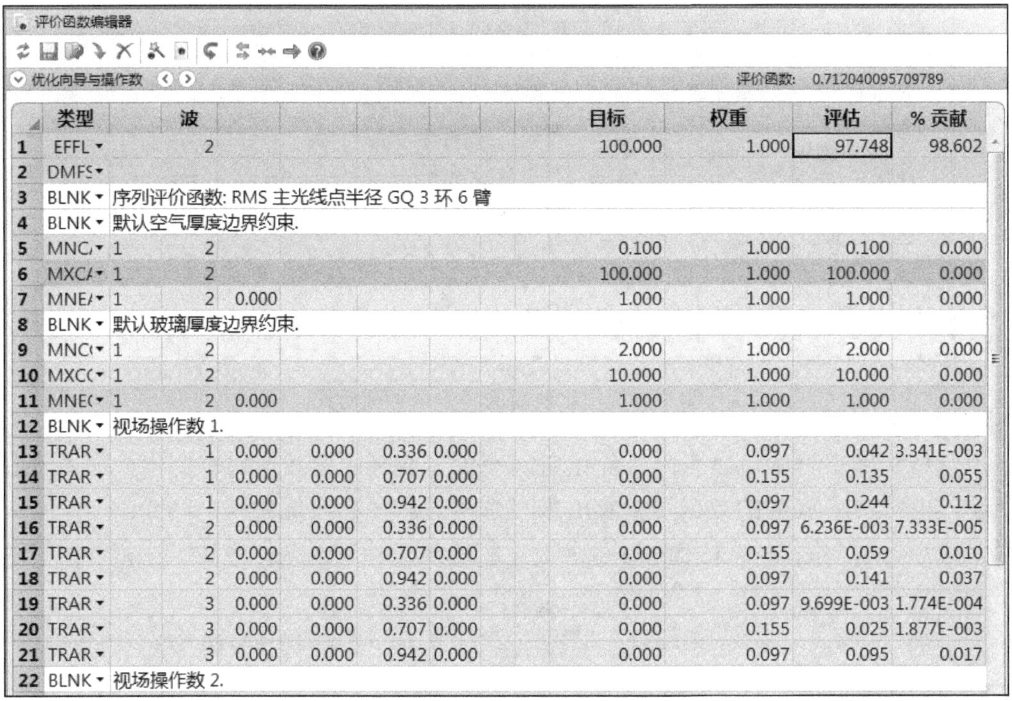

	类型		波					目标	权重	评估	% 贡献
1	EFFL		2					100.000	1.000	97.748	98.602
2	DMFS										
3	BLNK	序列评价函数: RMS 主光线点半径 GQ 3 环 6 臂									
4	BLNK	默认空气厚度边界约束.									
5	MNC/	1	2					0.100	1.000	0.100	0.000
6	MXC/	1	2					100.000	1.000	100.000	0.000
7	MNE/	1	2	0.000				1.000	1.000	1.000	0.000
8	BLNK	默认玻璃厚度边界约束.									
9	MNC(	1	2					2.000	1.000	2.000	0.000
10	MXC(	1	2					10.000	1.000	10.000	0.000
11	MNE(	1	2	0.000				1.000	1.000	1.000	0.000
12	BLNK	视场操作数 1.									
13	TRAR		1	0.000	0.000	0.336	0.000	0.000	0.097	0.042	3.341E-003
14	TRAR		1	0.000	0.000	0.707	0.000	0.000	0.155	0.135	0.055
15	TRAR		1	0.000	0.000	0.942	0.000	0.000	0.097	0.244	0.112
16	TRAR		2	0.000	0.000	0.336	0.000	0.000	0.097	6.236E-003	7.333E-005
17	TRAR		2	0.000	0.000	0.707	0.000	0.000	0.155	0.059	0.010
18	TRAR		2	0.000	0.000	0.942	0.000	0.000	0.097	0.141	0.037
19	TRAR		3	0.000	0.000	0.336	0.000	0.000	0.097	9.699E-003	1.774E-004
20	TRAR		3	0.000	0.000	0.707	0.000	0.000	0.155	0.025	1.877E-003
21	TRAR		3	0.000	0.000	0.942	0.000	0.000	0.097	0.095	0.017
22	BLNK	视场操作数 2.									

图 5.12　评价函数编辑器中的操作数列表

第二步，设置变量. 在优化系统前还需要设置变量，由于初始结构像差太大，因此，将透镜的两个曲率半径和透镜厚度设置为变量，如图 5.13 所示. 设置变量的方法为：单击相应输入框右边的小方块，在弹出窗口中将求解类型设置为变量即可. 设置结束后，可刷新软件顶部的蓝色环形箭头按钮完成设置.

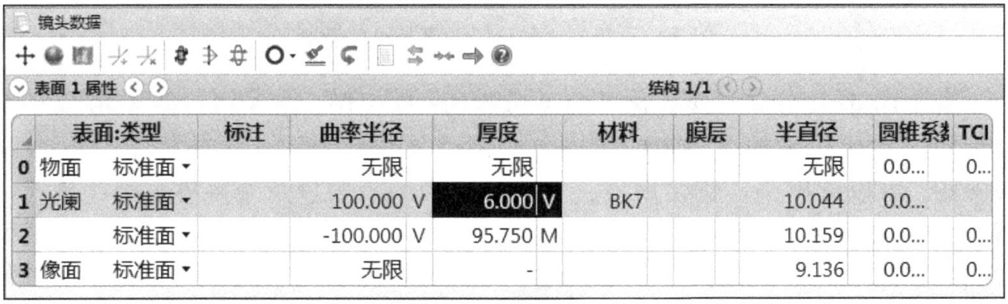

	表面:类型		标注	曲率半径		厚度		材料	膜层	半直径	圆锥系数	TCI
0	物面	标准面		无限		无限				无限	0.0...	0...
1	光阑	标准面		100.000	V	6.000	V	BK7		10.044	0.0...	
2		标准面		-100.000	V	95.750	M			10.159	0.0...	0...
3	像面	标准面		无限		-				9.136	0.0...	0...

图 5.13　将透镜的曲率半径和透镜厚度设置为变量

第三步，系统优化. 在优化菜单中单击“执行优化”选项，在弹出窗口内单击“开始”，即可开始优化. 优化结束可以在优化窗口看到优化前后的评价函数值，如图 5.14 所示，可以发现，评价函数值下降了一个数量级，说明系统像差有明显改善.

图 5.14　优化前后的评价函数值对比

从镜头编辑器中可以看出，优化后，设置为变量的参数值均有变化，如图 5.15 所示．从图 5.15 底部的数据可以看出来，系统的焦距已经优化到 100mm．

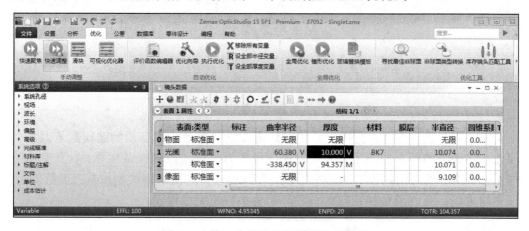

图 5.15　第一次优化后的系统结构数据

图 5.16 所示为第一次优化后的单透镜的 2D 视图．图 5.17～图 5.20 所示分别为第一次优化后的单透镜的标准点列图、光线像差图、垂轴色差图和场曲/畸变图．可以看出来，优化后，三个视场在像面上的像点变得更小了，球差、彗差、像散、场曲、畸变和色差明显改善．但是，也可以发现，透镜的厚度变为优化前所设置的最大值，即 10mm，这说明，增加透镜的厚度可以减小透镜系统的像差，但是实际在设计镜头的时候，由于镜头的总长往往有限制，在优化镜头的时候，一般不会把透镜的厚度范围设置得很大，或者干脆不把透镜的厚度作为变量来优化．

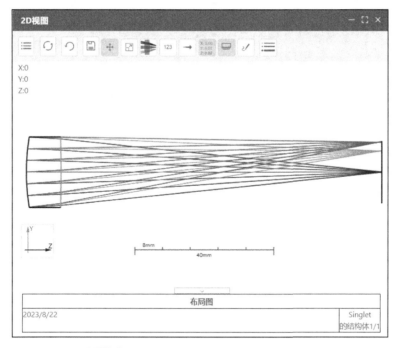

图 5.16 第一次优化后的单透镜的 2D 视图

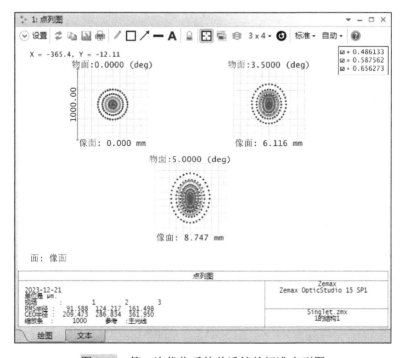

图 5.17 第一次优化后的单透镜的标准点列图

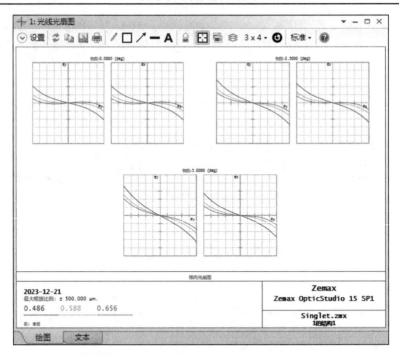

图 5.18　第一次优化后的单透镜的光线像差图

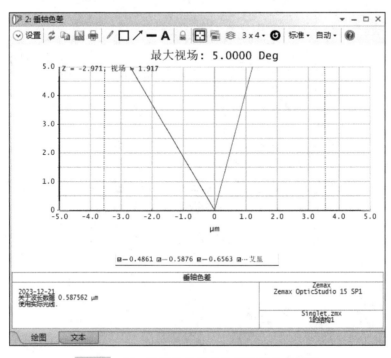

图 5.19　第一次优化后的单透镜的垂轴色差图

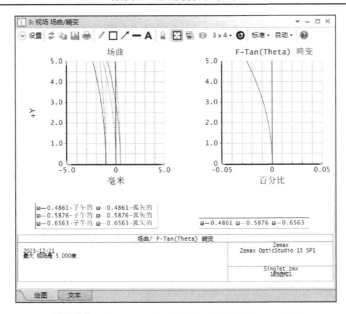

图 5.20　第一次优化后的单透镜的场曲/畸变图

3) 单透镜第二次优化

将透镜的后表面设置为非球面, 即在图 5.15 所示的系统结构参数的基础上将这个面的圆锥系数也设置为变量. 然后在优化菜单栏中单击优化选项, 优化完成后, 单击 "退出" 关闭优化窗口. 图 5.21 所示为第二次优化后的系统结构数据. 图 5.22 所示为第二次优化后的单透镜的 2D 视图. 图 5.23 所示为第二次优化后的单透镜的标准点列图. 从图中可以看出来, 将透镜后表面设置为非球面后, 三个视场在像面上的光斑的 RMS 值相比第一次优化后的值(如图 5.17 所示)有明显减小, 但是三个视场在像面上的光斑半径依旧远大于艾里斑半径. 这是因为系统工作在复色光波段(即 F,d,C 可见光), 而非单色光. 另外, 从图 5.17 和图 5.23 可以看出, 软件在进行系统优化的时候, 为了平衡整个视场的像差, 使得整个像面的像质差别尽可能小, 并没有将中心视场(即 0°视场)的像面光斑优化至最小, 而是将 3.5°视场的像面光斑优化至最小.

	表面:类型	标注	曲率半径	厚度	材料	膜层	半直径	圆锥系	TCI
0	物面　标准面 ▼		无限	无限			无限	0.0...	
1	光阑　标准面 ▼		53.642 V	10.000 V	BK7		10.084	0.0...	
2	标准面 ▼		-1323.151 V	93.648 M			10.012	-5... V	0...
3	像面　标准面 ▼		无限	-			8.910	0.0...	0...

图 5.21　第二次优化后的系统结构数据

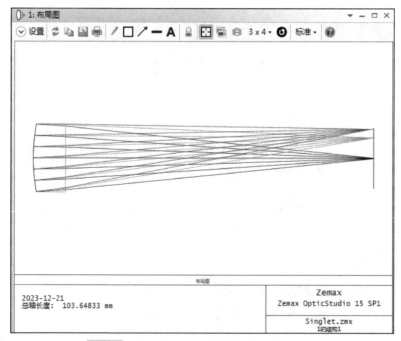

图 5.22　第二次优化后的单透镜的 2D 视图

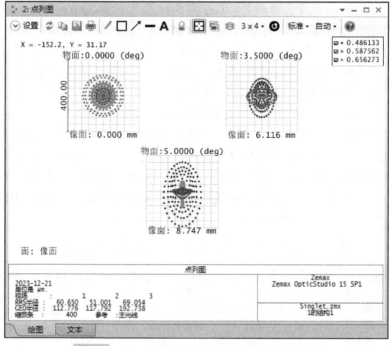

图 5.23　第二次优化后的单透镜的标准点列图

作为对比，现仿真一下非球面单色光系统的优化. 在波长编辑器中，将波长为 0.4861μm 和 0.6562μm 的光删除（去勾选即可），只保留波长为 0.5876μm 的光，再次执行优化. 图 5.24 和图 5.25 分别为优化前后的单透镜在 0.5876μm 波长下的标准点列图，可以看出来，优化前，0.5876μm 波长的光在像面上的光斑尺寸要小于图 5.23 所示的 F,d,C 波长下的像面上的光斑尺寸，这是因为第二次优化后系统仍存在大的色差. 因此，圆锥系数不为 0 的非球面并不会很好地校正工作在复色光波段的单透镜成像系统的像差，这也是消色差系统必须由复合透镜系统组成或者结合二元衍射面实现，而不能使用只由折射面组成的单透镜的根本原因. 并且，从图 5.24 和图 5.25 还能看出，在小视场下，优化后像面上的光斑尺寸略微减小，边缘视场上的光斑反而较优化前有少许增大. 因此，对于圆锥系数不为 0 的非球面系统，即使系统工作在单色光下，也很难保证大视场也具有像小视场一样小的像差. 要想进一步减小像差，提高成像质量，就需要其他非球面透镜系统（如多项式曲面和自由曲面等）、双胶合透镜、三胶合透镜、分离透镜组或者胶合透镜和单透镜的组合系统. 这也是对成像质量要求越高的系统，透镜组合越复杂的原因.

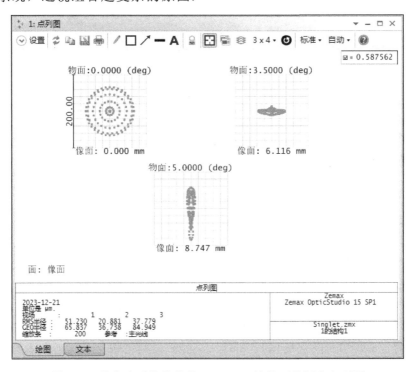

图 5.24　单色光系统优化前 0.5876μm 波长下的标准点列图

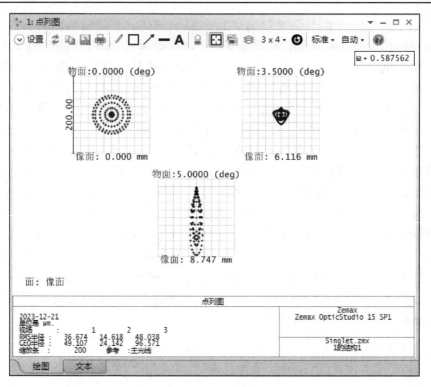

图 5.25　单色光系统优化后 0.5876μm 波长下的标准点列图

2. 使用 SeeOD 光学设计软件优化设计单透镜的原理和步骤

1) 单透镜建模

打开网页版的 SeeOD 光学设计软件，单击"新建"按钮，新建一个空白的镜头项目工程，将该工程命名为 Singlet，单击"确定"即可新建一个工程. 打开该工程，默认新建工程的初始界面如图 5.26 所示，其中镜头编辑器中有三行数据，分别属于三个面，即物面(默认编号 0)、光阑(默认编号 1)和像面(默认编号 2).

单透镜的焦距为 100mm，f 数为 5，因此可以计算得到系统的入瞳直径为 100mm/5=20mm. 在软件左侧菜单栏中展开"系统孔径"菜单栏，将孔径类型设置为入瞳直径，孔径值设置为 20mm，系统孔径的其他参数按照默认值设置，如图 5.27 所示. 单击软件左侧菜单栏中的"视场编辑器"选项，打开视场编辑器，视场类型选角度(即物在物方无穷远处)，单击"+"号添加两个视场，将两个视场的 Y 角度(°)分别设置为 3.5(即 0.707 视场)和 5(即最大视场)，其他值不变，如图 5.28 所示. 单击软件左侧菜单栏中的"波长编辑器"选项，打开波长编辑器窗口，单击窗口左下角的"选择"按钮，即可将系统的工作波长设置在"F,d,C 可见光"波段，如图 5.29 所示.

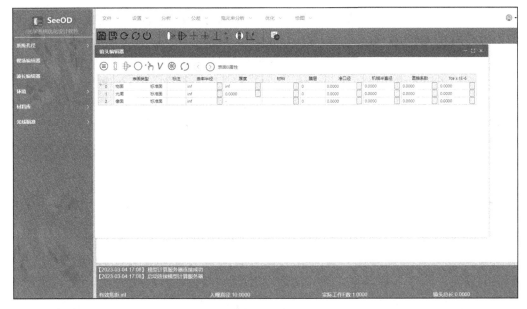

图 5.26　SeeOD 光学设计软件新建工程的初始界面

图 5.27　系统孔径设置

图 5.28　系统视场设置

图 5.29 系统工作波长设置

一个完整的单透镜成像系统至少需要包含五个面，即物面、光阑面、透镜前表面、透镜后表面和像面. 在本实验的初始设计中，将光阑面设置在透镜前表面上，因此，只需要在镜头编辑器中插入一个面，即在像面那一行数据上面插入一个面型数据行(具体做法可为：单击像面以选中，右击，然后选择"上方插入一行"选项).

根据经验可知，对于凸透镜来说，其两个表面曲率半径的大小和焦距相差不大，因此在镜头编辑器中将透镜的前表面的半径设置为 100mm，后表面的值设置为 −100mm. 透镜的厚度取 6mm. 透镜前表面(编号为 1 的面)的材料一栏手动键入

BK7，即可将系统的透镜材料设置为 BK7 玻璃，将透镜后表面的厚度的求解类型设置为边缘光线高度(单击编号为 2 的那个面的厚度一格末端的灰色小方块,将求解类型选择为边缘光线高度，高度值和光瞳区域的值均按照默认设置为 0，意为像面位于系统近轴区域的边缘光线交于光轴上的位置). 以上设置完成后，单击镜头编辑器窗口顶部的刷新按钮(带箭头的环形按钮)，便可得到目标透镜的初始结构数据，如图 5.30 所示. 在软件界面的底部可以看到，所建模的单透镜的焦距为 97.7483mm.

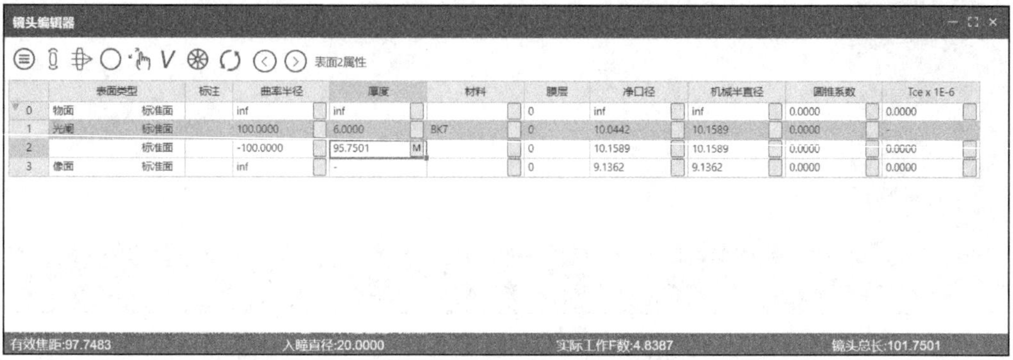

图 5.30　单透镜系统初始结构数据

单击软件界面的快捷键栏中的"2D 视图"按钮(或者在分析菜单栏中单击"2D视图")，打开所建模的单透镜的 2D 视图，如图 5.31 所示. 在快捷键栏中单击"标准点列图"按钮，打开单透镜的标准点列图，即为像面上的光斑分布情况，如图 5.32所示. 从图 5.32 可以看出，在像面上，0°、3.5°和 5°视场在像面上的像点的 RMS 值分别为 129.0834、172.7498 和 216.6814(单位均为 μm)，远大于艾里斑半径(约 3.5μm).图 5.33 所示为系统的光线像差图. 同时，结合图 5.32 和图 5.33 可以看出，初始系统有严重的像差. 下面分别简要指出系统的初始像差：

(1)球差. 0°视场在像面上的光斑直径很大，远大于艾里斑半径，说明初始单透镜有很严重的球差.

(2)彗差. 分布在垂直方向上的光斑集中在椭圆形的底部，说明系统存在较大的彗差.

(3)像散. 3.5°视场和 5°视场在像面上的光斑和光线像差在水平(X)和垂直(Y)方向上不对称，说明系统存在像散.

(4)场曲. 像面上的光斑直径和光线像差随着视场的增加而增加，说明系统存在场曲.

(5)色差. 不同颜色的线代表不同波长的光，且明显可以看出像面上三种颜色的光线分得较开，可以判断系统存在明显的轴向色差.

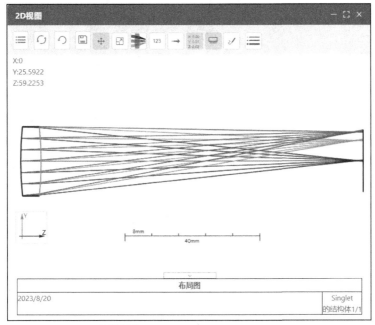

图 5.31　单透镜系统初始 2D 视图

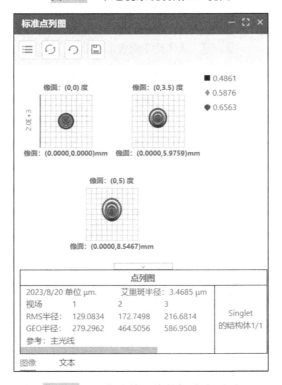

图 5.32　优化前单透镜的标准点列图

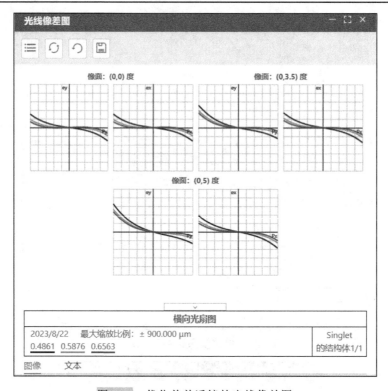

图 5.33 优化前单透镜的光线像差图

图 5.34 所示为优化前单透镜的垂轴色差图，可以看出，优化前单透镜的垂轴色差值在艾里斑范围内，这表明初始系统的垂轴色差很小，完全可以接受. 图 5.35 所示为优化前单透镜的场曲/畸变图，可以看出，优化前的单透镜还存在少量的畸变，只是畸变在人眼可接受的范围，即 4%以内.

2) 单透镜的第一次优化

第一步，编辑评价函数编辑器. 在优化菜单栏中打开评价函数编辑器，在评价函数编辑器窗口中展开优化向导，如图 5.36 所示，将优化函数的评价设置为点列图，类型设置为 RMS，参考光线设置为主光线. 光瞳采样类型选高斯求积，按照默认设置 3 环 6 臂(要想使得计算更加准确，可以设置更高的环臂数量，但是同时计算量也会更大，读者可根据实际需要自行合理设置). 在厚度边界设置窗口，将玻璃的最小中心厚度设置为 2mm，最大中心厚度设置为 10mm，边缘厚度设置为 1mm. 将空气的最小中心厚度设置为 0.1mm，最大中心厚度设置为 100mm，边缘厚度设置为 1mm. 设置完成后单击"确定". 在生成的操作数列表中，将 DMFS 这一行上一行的"BLNK"替换为"EFFL"，即有效焦距操作数，将其目标值设置为 100，意思是控制单透镜的焦距为 100mm；同时将其权重设置为 1. 单击评价函数编辑器右上角的

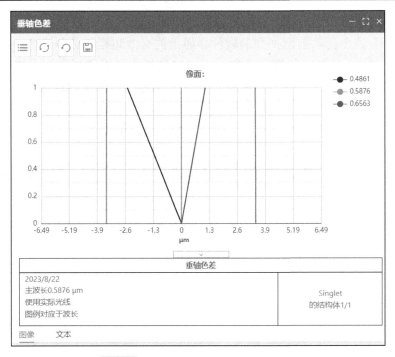

图 5.34　优化前单透镜的垂轴色差图

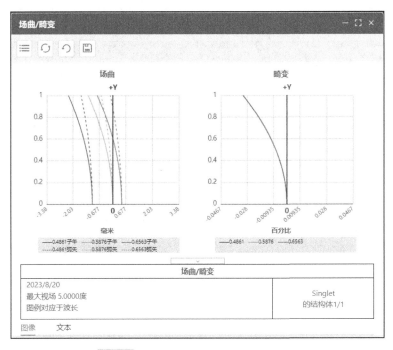

图 5.35　优化前单透镜的场曲/畸变图

“刷新”按钮，EFFL 这一行操作数的评估值即更新为当前系统的实际焦距值，如图 5.37 所示，这一值与前面提到的软件界面下的有效焦距值的数值是一致的，读者可自行查看对比. 另外，从评价函数编辑器的顶部还可以看到当前系统的评价函数值为 6.2217×10^{-1}，对于光学系统来说，系统像差越小，评价函数值越小. 评价函数值为 0 的系统没有像差，但是没有像差的系统是不存在的，一般认为，只要像差在可接受的范围内，系统就已经校正了像差，评价函数值也就不一定要为 0. 最后，关闭评价函数编辑器窗口.

图 5.36　评价函数编辑器的优化向导设置窗口

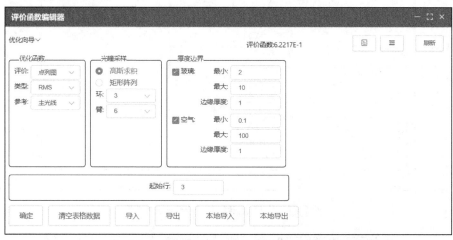

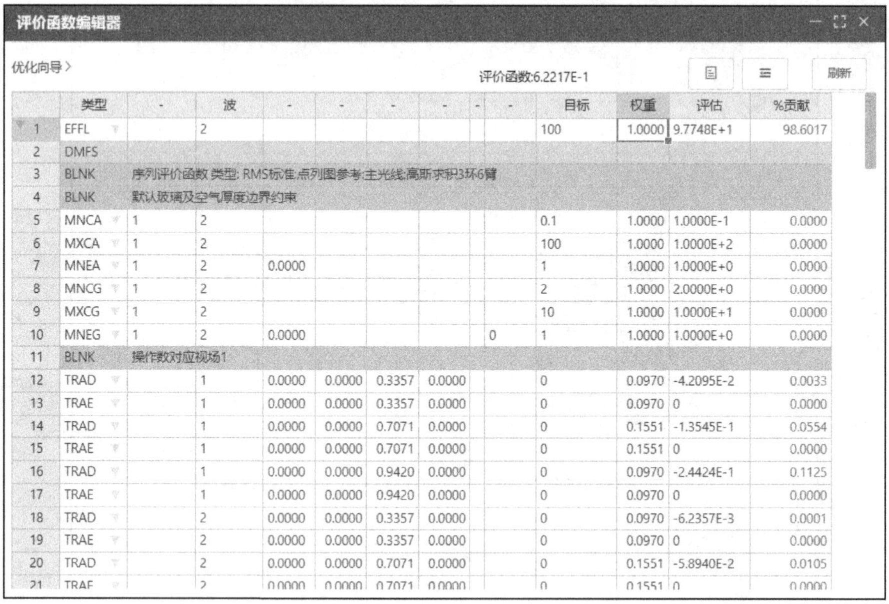

	类型	-	波	-	-	-	-	-	-	目标	权重	评估	%贡献
1	EFFL		2							100	1.0000	9.7748E+1	98.6017
2	DMFS												
3	BLNK	序列评价函数 类型: RMS标准点列图参考:主光线;高斯求积3环6臂											
4	BLNK	默认玻璃及空气厚度边界约束											
5	MNCA	1	2							0.1	1.0000	1.0000E-1	0.0000
6	MXCA	1	2							100	1.0000	1.0000E+2	0.0000
7	MNEA	1	2	0.0000						1	1.0000	1.0000E+0	0.0000
8	MNCG	1	2							2	1.0000	2.0000E+0	0.0000
9	MXCG	1	2							10	1.0000	1.0000E+1	0.0000
10	MNEG	1	2	0.0000					0	1	1.0000	1.0000E+0	0.0000
11	BLNK	操作数对应视场1											
12	TRAD		1	0.0000	0.0000	0.3357	0.0000			0	0.0970	-4.2095E-2	0.0033
13	TRAE		1	0.0000	0.0000	0.3357	0.0000			0	0.0970	0	0.0000
14	TRAD		1	0.0000	0.0000	0.7071	0.0000			0	0.1551	-1.3545E-1	0.0554
15	TRAE		1	0.0000	0.0000	0.7071	0.0000			0	0.1551	0	0.0000
16	TRAD		1	0.0000	0.0000	0.9420	0.0000			0	0.0970	-2.4424E-1	0.1125
17	TRAE		1	0.0000	0.0000	0.9420	0.0000			0	0.0970	0	0.0000
18	TRAD		2	0.0000	0.0000	0.3357	0.0000			0	0.0970	-6.2357E-3	0.0001
19	TRAE		2	0.0000	0.0000	0.3357	0.0000			0	0.0970	0	0.0000
20	TRAD		2	0.0000	0.0000	0.7071	0.0000			0	0.1551	-5.8940E-2	0.0105
21	TRAE		2	0.0000	0.0000	0.7071	0.0000			0	0.1551	0	0.0000

图 5.37　评价函数编辑器中的操作数列表

第二步，设置变量. 在优化系统前还需要设置变量，由于初始结构像差太大，因此，将所有有有限值的曲率半径和厚度设置为变量，如图 5.38 所示. 设置变量的方法为：单击相应输入框右边的灰色小方块，在弹出窗口中将求解类型设置为变量即可. 设置结束后，需刷新数据编辑器方可完成设置.

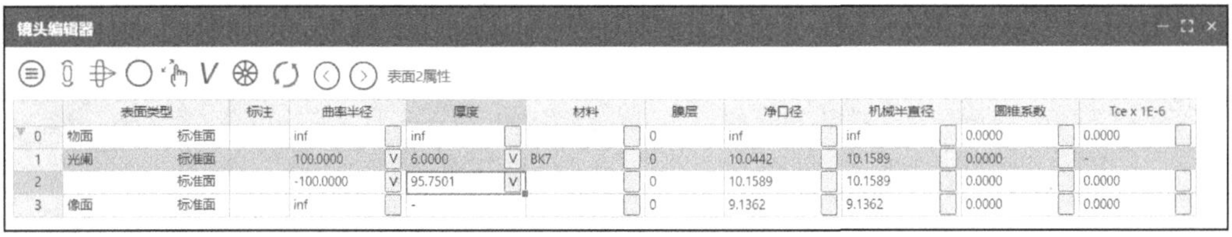

图 5.38   将透镜表面曲率半径和厚度设置为变量

第三步，系统优化. 在优化菜单中单击优化选项，在弹出窗口内单击"开始"，即可开始优化. 优化结束可以在优化窗口看到优化前后的评价函数值，如图 5.39 所示，可以发现，评价函数值下降了一个数量级，说明系统像差有明显改善.

图 5.39   优化前后的评价函数值对比

从镜头编辑器中可以看出，优化后，设置为变量的参数值均有变化，如图 5.40 所示. 从图 5.40 底部的数据可以看出来，系统的焦距已经优化到 100mm.

图 5.41 所示为第一次优化后的单透镜的 2D 视图. 图 5.42～图 5.45 所示分别为第一次优化后的单透镜的标准点列图、光线像差图、垂轴色差图和场曲/畸变图. 可以看出来，优化后，三个视场在像面上的像点变得更小了，球差、彗差、像散、场曲、畸变和色差明显改善. 但是，也可以发现，透镜的厚度变为优化前所设置的最大值，即 10mm，这说明，增加透镜的厚度可以减小透镜系统的像差，但是实际在设计镜头的时候，由于镜头的总长往往有限制，在优化镜头的时候，一般不会把透镜的厚度范围设置得很大，或者干脆不把透镜的厚度作为变量来优化.

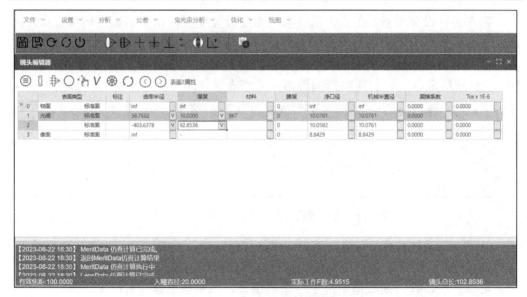

图 5.40　第一次优化后的系统结构数据

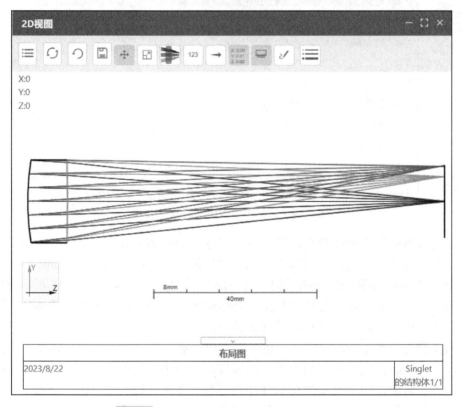

图 5.41　第一次优化后的单透镜的 2D 视图

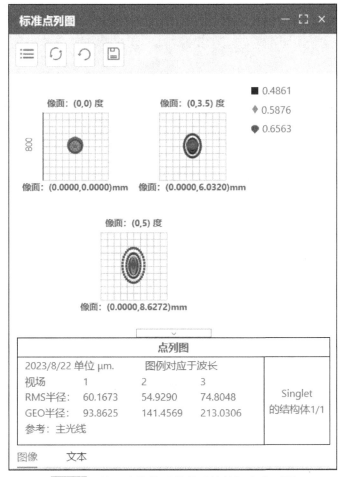

图 5.42 第一次优化后的单透镜的标准点列图

3) 单透镜第二次优化

将透镜的后表面设置为非球面,即在图 5.40 所示的系统结构参数的基础上将这个面的圆锥系数也设置为变量. 然后在优化菜单栏中单击优化选项,优化完成后,单击"退出"关闭优化窗口. 图 5.46 所示为第二次优化后的系统结构数据. 图 5.47 所示为第二次优化后的单透镜的 2D 视图. 图 5.48 所示为第二次优化后的单透镜的标准点列图. 从图中可以看出来,将透镜后表面设置为非球面后,三个视场在像面上的光斑的 RMS 值相比第一次优化后的值(如图 5.42 所示)减小幅度不大,且三个视场在像面上的光斑半径依旧远大于艾里斑半径. 这是因为系统工作在复色光波段(即 F,d,C 可见光),而非单色光. 另外,从图 5.42 和图 5.48 可以看出,软件在进行系统优化的时候,为了平衡整个视场的像差,使得整个像面的像质差别尽可能小,并没有将中心视场(即 0°视场)的像面光斑优化至最小,而是将 3.5°视场的像面光斑优化至最小.

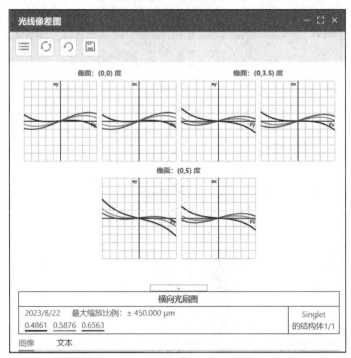

图 5.43　第一次优化后的单透镜的光线像差图

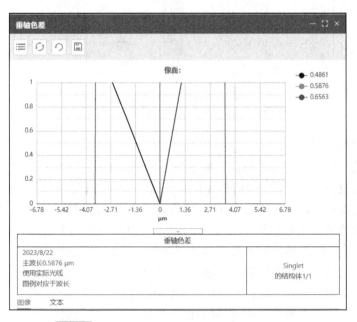

图 5.44　第一次优化后的单透镜的垂轴色差图

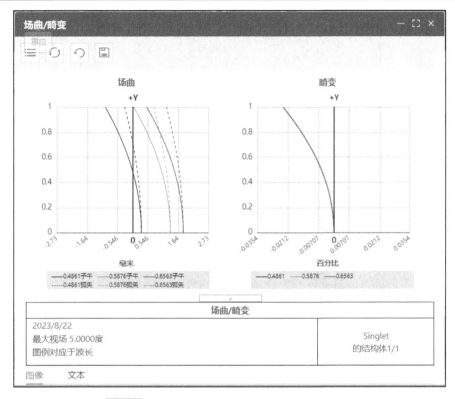

图 5.45 第一次优化后的单透镜的场曲/畸变图

图 5.46 第二次优化后的系统结构数据

作为对比, 现仿真一下非球面单色光系统的优化. 在波长编辑器中, 将编号为 1 和 3 的波长删除, 只保留波长为 0.5876μm 的光, 再次执行优化. 图 5.49 和图 5.50 分别为优化前后的单透镜在 0.5876μm 波长下的标准点列图, 可以看出来, 优化前, 0.5876μm 波长的光在像面上的光斑尺寸要小于图 5.49 所示的 F,d,C 波长下的像面上的光斑尺寸, 这是因为第二次优化后系统仍存在大的色差. 因此, 圆锥系数不为 0 的非球面并不会很好地校正工作在复色光波段的大视场单透镜成像系统的像差, 这也是消色差系统必须由复合透镜系统组成或者结合二元衍射面实现, 而不能使用只由折射面组成的单透镜的根本原因. 并且, 从图 5.49 和图 5.50 还能看出, 在小视场下, 优化后像面上的光斑尺寸略微减小, 边缘视场上的光斑反而较优化前有增加.

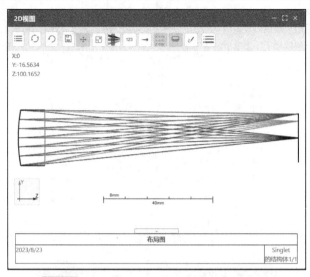

图 5.47　第二次优化后的单透镜的 2D 视图

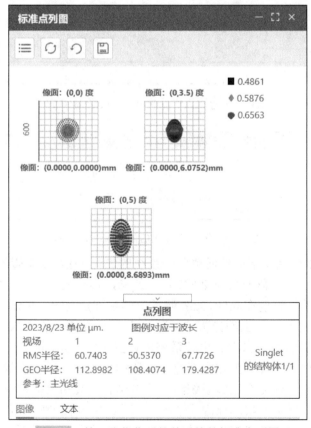

图 5.48　第二次优化后的单透镜的标准点列图

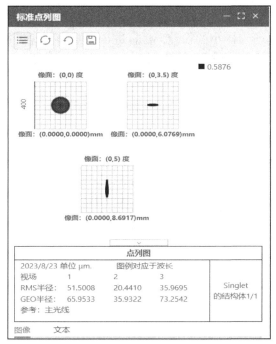

图 5.49　单色光系统优化前 0.5876μm 波长下的标准点列图

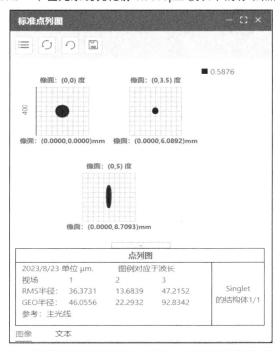

图 5.50　单色光系统优化后 0.5876μm 波长下的标准点列图

因此，对于圆锥系数不为 0 的非球面系统，即使系统工作在单色光下，也很难保证大视场也具有像小视场一样小的像差. 要想进一步减小像差，提高成像质量，就需要其他非球面透镜系统(如多项式曲面和自由曲面等)、双胶合透镜、三胶合透镜、分离透镜组或者胶合透镜和单透镜的组合系统. 这也是对成像质量要求越高的系统，透镜组合越复杂的原因.

【实验小结】

(1)通过本实验的学习和实践操作，可以了解和掌握使用 Zemax 和 SeeOD 光学设计软件优化设计单透镜的方法和步骤；

(2)通过对比使用 Zemax 和 SeeOD 光学设计软件优化设计单透镜的过程可以发现，每次优化结束后，二者得到的结果基本相同.

【实验扩展】

可以在本实验的基础上仿真双胶合透镜或双分离透镜组，进一步减小像差.

案例6　柯克三片式摄影物镜设计

案例6彩图

6.1　柯克三片式摄影物镜介绍

柯克三片式摄影物镜是能校正所有像差的最简单的成像系统型式. 随后出现的被各大镜头商广泛应用的特萨物镜和海里亚物镜都是柯克三片式物镜的变体, 即将其中的一块单透镜分裂为双胶合透镜, 从而进一步降低像差, 提高成像质量.

6.2　柯克三片式摄影物镜设计实验

【实验目的】

(1)掌握用初级像差理论计算柯克三片式摄影物镜初始结构的方法;

(2)掌握使用 SeeOD 光学设计软件对柯克三片式摄影物镜进行建模和优化的方法.

【实验要求】

(1)柯克三片式摄影物镜的焦距、相对孔径和全视场分别为 100mm、1/4.5 和 40°;

(2)柯克三片式摄影物镜的最大视场像面光斑半径不大于 45μm, 最大相对畸变不大于 4%.

【实验原理和步骤】

1. 柯克三片式摄影物镜初始结构计算

柯克三片式摄影物镜常采用 "+ − +" 型式, 如图 6.1 所示, 即两个正光焦度的单透镜中间夹一块负光焦度的单透镜. 本实验将采用初级像差理论来计算柯克三片式摄影物镜的初始结构.

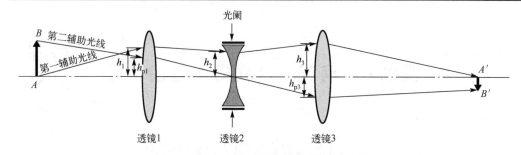

图 6.1　柯克三片式摄影物镜结构示意图

由初级像差理论可知，单透镜的初级场曲系数 S_{IV}、初级位置色差系数 C_{I} 以及初级倍率色差系数 C_{II} 只与透镜的材料和光焦度有关，因此可基于式(6-1)～式(6-3)所示的三个像差方程计算镜头的初始结构.

$$J^2\left(\frac{\varphi_1}{n_1}+\frac{\varphi_2}{n_2}+\frac{\varphi_3}{n_3}\right)=\sum S_{\text{IV}} \tag{6-1}$$

$$h_1^2\frac{\varphi_1}{\upsilon_1}+h_2^2\frac{\varphi_2}{\upsilon_2}+h_3^2\frac{\varphi_3}{\upsilon_3}=\sum C_{\text{I}} \tag{6-2}$$

$$h_1 h_{\text{p1}}\frac{\varphi_1}{\upsilon_1}+h_2 h_{\text{p2}}\frac{\varphi_2}{\upsilon_2}+h_3 h_{\text{p3}}\frac{\varphi_3}{\upsilon_3}=\sum C_{\text{II}} \tag{6-3}$$

其中，φ_1、φ_2 和 φ_3 分别是三个透镜的光焦度；n_1、n_2 和 n_3 分别是三个透镜的折射率；υ_1、υ_2 和 υ_3 分别是三个透镜的阿贝数；h_1、h_2 和 h_3 分别是轴上点边缘近轴光线(第一辅助光线)在三个透镜上的投射高度，如图 6.1 所示；h_{p1}、h_{p2} 和 h_{p3} 分别是最大视场主光线(第二辅助光线)在三个透镜上的投射高度，如图 6.1 所示；$\sum S_{\text{IV}}$、$\sum C_{\text{I}}$、$\sum C_{\text{II}}$ 分别是成像系统的初级场曲系数和、初级位置色差系数和以及初级倍率色差系数和；J 为系统的拉格朗日不变量.

通常希望一个光学成像系统的所有像差越小越好，因此，在计算该三片式摄影物镜初始结构时，应使得 $\sum S_{\text{IV}}$、$\sum C_{\text{I}}$、$\sum C_{\text{II}}$ 均为零，并结合式(6-4)所示的焦距方程求解，即

$$h_1\varphi_1+h_2\varphi_2+h_3\varphi_3=h_1\varphi \tag{6-4}$$

同时，为了使得求解更加简单，通常将孔径光阑放置在如图 6.1 所示的负透镜的位置处，此时有 $h_{\text{p2}}=0$，并且假设透镜的间隔相等(像差优化时可释放该要求)，即透镜 1 和透镜 2 的间隔 d_1 等于透镜 2 和透镜 3 的间隔 d_2，即有

$$\frac{h_1-h_2}{h_1\varphi_1}=\frac{h_2-h_3}{h_1\varphi_1+h_2\varphi_2} \tag{6-5}$$

其中，$d_1 = \dfrac{h_1 - h_2}{h_1 \varphi_1}$；$d_2 = \dfrac{h_2 - h_3}{h_1 \varphi_1 + h_2 \varphi_2}$.

对于三片式摄影物镜来说，常用的玻璃组合为 SK4(透镜 1)-F7(透镜 1)-SK4(透镜 1). 本实验仍采用这种玻璃组合来计算透镜的初始结构. 通过查找玻璃库可知 SK4 和 F7 玻璃的折射率分别为 1.61272 和 1.62536，阿贝数分别为 58.63 和 58.63.

结合以上 5 个方程、透镜的材料参数以及对镜头的光学特性参数要求即可计算出透镜 1、透镜 2 和透镜 3 的光焦度 φ_1、φ_2 和 φ_3，轴上点边缘近轴光线(第一辅助光线)在三个透镜上的投射高度 h_1、h_2 和 h_3，最大视场主光线(第二辅助光线)在三个透镜上的投射高度 h_{p1}、h_{p2} 和 h_{p3}，以及三个透镜各自两个表面的曲率半径 r_1、r_2、r_3、r_4、r_5 和 r_6.

结合实验要求中对柯克三片式摄影物镜的焦距、相对孔径和全视场的要求，利用上述柯克三片式摄影物镜的初始结构计算方法，即可计算出如图 6.1 所示的透镜 1、透镜 2 和透镜 3 的光焦度(φ_1、φ_2 和 φ_3)、表面曲率半径值(r_1、r_2、r_3、r_4、r_5 和 r_6)、第一辅助光线在三个透镜上的投射高(h_1、h_2 和 h_3)以及透镜的间距(d_1 和 d_2)，有

$$\varphi_1 = 0.0231, \quad \varphi_2 = -0.0496, \quad \varphi_3 = 0.0262$$

$$r_1 = -r_2 = 53.09\text{mm}, \quad r_3 = -r_4 = -25.21\text{mm}, \quad r_5 = -r_6 = 46.85\text{mm}$$

$$h_1 = 15.25\text{mm}, \quad h_2 = 11.11\text{mm}, \quad h_3 = 13.46\text{mm}$$

$$d_1 = d_2 = 11.75\text{mm}$$

最后，根据透镜 1、透镜 2 和透镜 3 的光焦度 φ_1、φ_2 和 φ_3 计算出这三个透镜的表面曲率半径，本实验中，将透镜 1 和透镜 3 均当做非平凸透镜、透镜 2 当做非平凹透镜来处理，即计算得到的透镜 1 的前表面和后表面的曲率半径分别为 53.09mm 和 −53.09mm，透镜 2 的前表面和后表面的曲率半径分别为 −25.21mm 和 25.21mm，透镜 3 的前表面和后表面的曲率半径分别为 46.85mm 和 −46.85mm.

2. 柯克三片式摄影物镜的建模和优化的原理和步骤

本实验分别用 Zemax 和 SeeOD 光学设计软件介绍柯克三片式摄影物镜的建模和优化的原理和步骤.

1) 使用 Zemax 光学设计软件优化设计柯克三片式摄影物镜的原理和步骤
第一步，柯克三片式摄影物镜的初始结构建模.

打开 Zemax 光学设计软件，单击"新建"按钮，新建一个空白的镜头项目工程，将该工程命名为 Cook_lens 后打开. 在软件镜头编辑器中默认的三个面的像面前增加 5 个标准面，并将求出的透镜 1、透镜 2 和透镜 3 的表面曲率半径参数、

透镜间隔和透镜材料参数输入镜头编辑器中. 注意, 将编号为 6 的面的厚度求解类型设置为边缘光线高度, 高度值和光瞳区域的值均为 0, 说明系统近轴区域的边缘光线与像面的交点位于光轴上. 展开软件左侧系统选项栏中的系统孔径菜单栏, 将孔径类型设置为入瞳直径, 孔径值为 22.22mm(因计算得到的第一辅助光线在透镜 2 上的投射高为 11.11mm, 故孔径值应为 22.22mm), 系统孔径的其他参数按照默认值设置. 展开视场菜单栏, 视场类型选为角度, 双击设置选项, 在弹出的视场数据窗口中, 勾选第二行和第三行添加两个视场, 将新增的两个视场的 Y 角度分别设置为 14°(0.707 视场)和 20°(最大视场). 展开波长菜单栏中的设置选项, 单击"设为当前"按钮, 即可将当前系统的工作波长设置为"F,d,C 可见光". 最后, 将光阑面修改为编号为 3 的面, 即凹透镜的前表面, 具体做法为: 选中面 3, 展开镜头数据编辑器的表面 3 属性窗口, 勾选使此表面为光阑后面的选项框. 如图 6.2 所示.

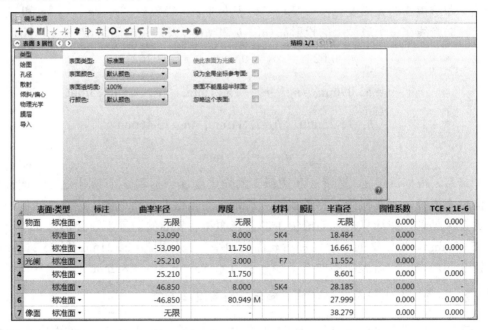

图 6.2　柯克三片式摄影物镜初始结构的镜头编辑器窗口

在本实验中, 没有涉及透镜厚度的计算, 因为在镜头初始结构的计算过程中将透镜当做薄透镜处理了, 但是实际的透镜是有一定厚度的, 故在用软件优化设计镜头之初, 可以根据经验给出一个合适的厚度. 在本实验中, 将正透镜和负透镜的中心厚度分别设置成了 8mm 和 3mm.

打开镜头的 2D 视图, 如图 6.3 所示. 从这个图中便可以看出, 所计算的柯克三片式摄影物镜初始结构的像差非常大, 这除了与我们根据经验设置透镜厚度有关外,

还与我们在该物镜初始结构计算中只考虑了成像系统的初级场曲、初级位置色差和
及初级倍率色差，并假设透镜是等间隔的有关.

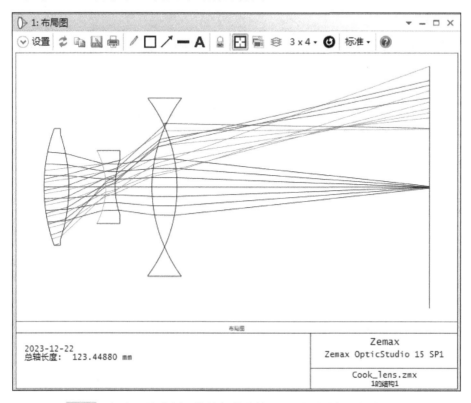

图 6.3　柯克三片式摄影物镜初始结构 2D 视图(最大视场为 20°)

第二步，柯克三片式摄影物镜的优化.

由于利用初级像差理论计算出来的柯克三片式摄影物镜的初始结构像太大，因
此在进行镜头优化的时候，需要先将该成像系统的最大视场设置得小一点，以免软
件在计算的时候难以收敛，导致越优化成像效果越差. 本实验中，在优化前期，先
将系统的最大视场设置为 15°，相应的 0.707 附近视场处的视场角度设置为 10°，设
置后的系统 2D 视图如图 6.4 所示. 图 6.5 和图 6.6 所示分别为最大视场为 15°时柯克
三片式摄影物镜初始结构的标准点列图和场曲/畸变图，可以看出，即使在最大
视场为 15°的情况下，像面上的光斑直径也远远超出实验要求的范围，但是畸变
在实验要求的 4%以内，所以在进行系统优化的时候，需要重点优化系统像面上
的光斑大小.

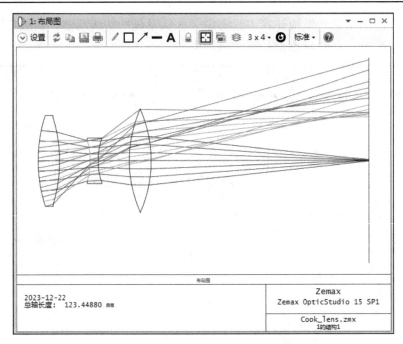

图 6.4　柯克三片式摄影物镜初始结构 2D 视图（最大视场为 15°）

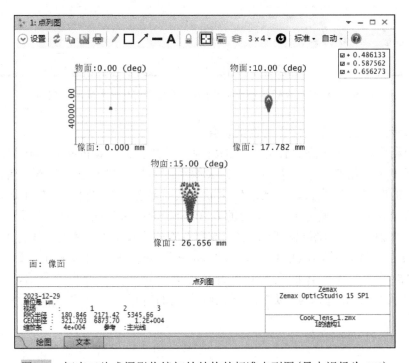

图 6.5　柯克三片式摄影物镜初始结构的标准点列图（最大视场为 15°）

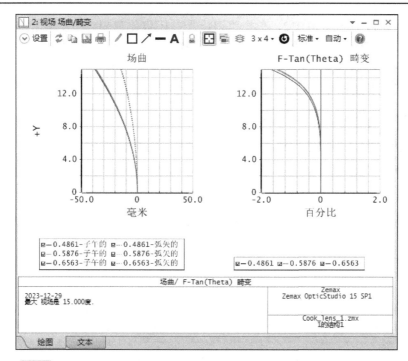

图 6.6 柯克三片式摄影物镜初始结构的场曲/畸变图(最大视场为 15°)

在软件顶部的优化菜单栏中打开评价函数编辑器,在评价函数编辑器窗口中展开优化向导和操作数窗口,如图 6.7 所示,将优化函数的类型设置为 RMS,标准设置为光斑半径(即优化像面上不同视场的像点大小),参考光线设置为质心.光瞳采样类型选高斯求积,按照默认设置 3 环 6 臂.在厚度边界设置窗口,将玻璃的最小中心厚度设置为 2mm,最大中心厚度设置为 8mm,边缘厚度设置为 1mm.将空气的最小中心厚度设置为 0.1mm,最大中心厚度设置为 100mm,边缘厚度设置为 1mm.设置完成后单击"确定".在生成的操作数列表中,在 DMFS 这一行上方插入一行空白操作数 BLNK,然后输入 EFFL(有效焦距操作数)替换 BLNK,并将 EFFL 设置为实验要求的 100(注意:EFFL 操作数的值的默认单位为 mm),同时将其权重设置为 0.5,如图 6.8 所示.设置完成后,刷新并关闭评价函数编辑器窗口.

在优化前还需要设置变量,由于初始结构像差太大,因此,将所有透镜的表面曲率半径和厚度设置为变量(可以逐一选择将曲率半径和厚度的求解类型设置为变量,也可在软件顶部优化菜单栏中单击"设全部半径变量"和"设全部厚度变量"两个按钮将所有半径和厚度设置为变量,即可一次性地将镜头编辑器窗口中的曲率半径和厚度的求解类型设置为变量,读者可以自行练习变量设置方法).设置完成后,在优化菜单栏中单击"执行优化"按钮,在弹出的优化窗口中单击"开始",即可开始进行优化,优化完成后,可以从优化窗口中看到,系统的评价函数值由原来的 1.733 大幅度减小为 0.012，单击"退出"关闭优化窗口. 打开优化后的系统 2D 视图，如图 6.9 所示. 可以看出来，系统结构较优化前大有改善. 从图 6.10 和图 6.11 所示的优化后的系统的标准点列图和场曲/畸变图可以看出来，像面上的光斑 RMS 半径均小于实验要求的 45μm，最大相对畸变小于实验要求的 4%.

图 6.7　评价函数编辑器的优化向导设置窗口

	类型							
1	EFFL ▾	2			100.000	0.500	101.005	1.744
2	DMFS ▾							
3	BLNK ▾ 序列评价函数: RMS 质心点半径GQ 3 环 6 臂							
4	BLNK ▾ 默认空气厚度边界约束.							
5	MNCA ▾ 1	6			0.100	1.000	0.100	0.000
6	MXCA ▾ 1	6			100.000	1.000	100.000	0.000
7	MNEA ▾ 1	6			1.000	1.000	1.000	0.000
8	BLNK ▾ 默认玻璃厚度边界约束.							
9	MNCG ▾ 1	6			2.000	1.000	2.000	0.000
10	MXCG ▾ 1	6			8.000	1.000	8.000	0.000
11	MNEG ▾ 1	6	0.000		1.000	1.000	-0.131	4.420
12	BLNK ▾ 视场操作数 1.							
13	TRAC ▾	1	0.000	0.000	0.336 0.000	0.097	7.640E-003	1.955E-005
14	TRAC ▾	1	0.000	0.000	0.707 0.000	0.155	0.092	4.549E-003
15	TRAC ▾	1	0.000	0.000	0.942 0.000	0.097	0.213	0.015
16	TRAC ▾	2	0.000	0.000	0.336 0.000	0.011	4.414E-005	
17	TRAC ▾	2	0.000	0.000	0.707 0.000	0.155	0.108	6.248E-003
18	TRAC ▾	2	0.000	0.000	0.942 0.000	0.097	0.249	0.021
19	TRAC ▾	3	0.000	0.000	0.336 0.000	0.097	0.016	9.026E-005
20	TRAC ▾	3	0.000	0.000	0.707 0.000	0.155	0.122	7.950E-003
21	TRAC ▾	3	0.000	0.000	0.942 0.000	0.097	0.274	0.025
22	BLNK ▾ 视场操作数 2.							
23	TRAC ▾	1	0.000	0.667	0.168 0.291	0.000	0.032	1.162	0.151
24	TRAC ▾	1	0.000	0.667	0.354 0.612	0.000	0.052	1.629	0.474

图 6.8　评价函数编辑器中的操作数列表

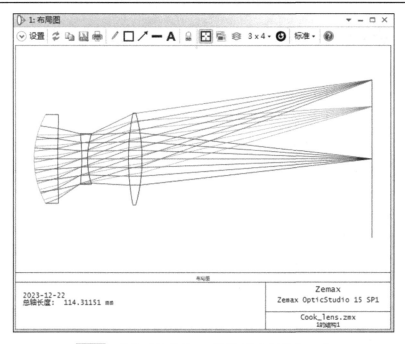

图 6.9　优化后的系统 2D 视图(最大视场为 15°)

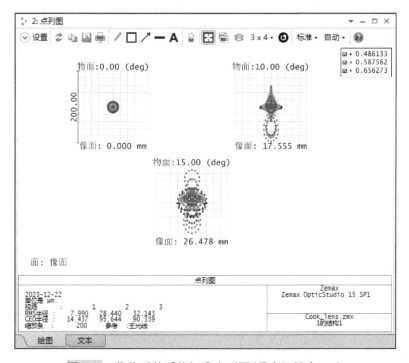

图 6.10　优化后的系统标准点列图(最大视场为 15°)

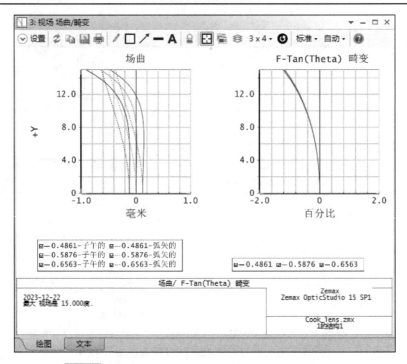

图 6.11　优化后的系统场曲/畸变图(最大视场为 15°)

　　逐步优化最大视场分别为 16°、17°、18° 和 19° 的系统结构. 图 6.12 和图 6.13 所示为优化后的最大视场为 17° 的系统的标准点列图和场曲/畸变图,可以看出来,该最大视场下,像面上的光斑 RMS 半径均小于实验要求的 45μm,最大相对畸变也小于实验要求的 4%. 图 6.14 和图 6.15 所示为优化后的最大视场为 19°(其 0.707 视场设置为 13.5°)的系统的标准点列图和场曲/畸变图,可以看出所有视场的光斑 RMS 半径依然均小于实验要求的 45μm,最大相对畸变也依然小于实验要求的 4%. 图 6.16 和图 6.17 所示为优化后的最大视场为 20°(其 0.707 视场设置为 14°)的系统的标准点列图和场曲/畸变图,可以看出所有视场的光斑 RMS 半径均满足实验要求的不大于 45μm,最大相对畸变也小于实验要求的 4%. 至此,基本满足实验要求的柯克三片式摄影物镜已经设计完成,其 2D 和 3D 实体视图分别如图 6.18 和图 6.19 所示,最终的镜头结构数据如图 6.20 所示.

2)使用 SeeOD 光学设计软件优化设计柯克三片式摄影物镜的原理和步骤

第一步,柯克三片式摄影物镜的初始结构建模.

　　打开网页版的 SeeOD 光学设计软件,单击"新建"按钮,新建一个空白的镜头项目工程,将该工程命名为 Cook_lens 后打开. 由于新建的工程默认有 3 个面,因此需要新增 5 个面,方可构建三片式透镜成像系统.

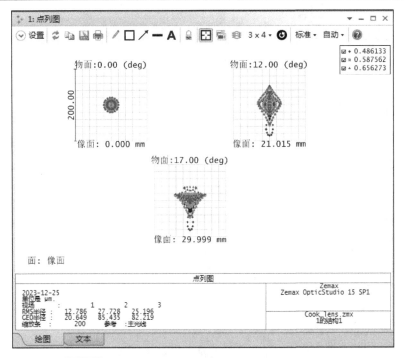

图 6.12　优化后的系统标准点列图（最大视场为 17°）

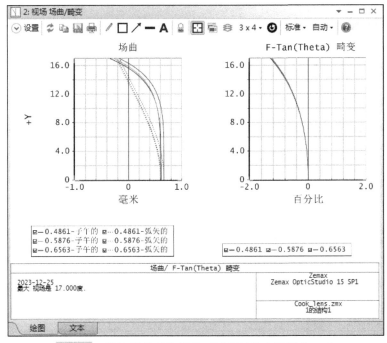

图 6.13　优化后的系统场曲/畸变图（最大视场为 17°）

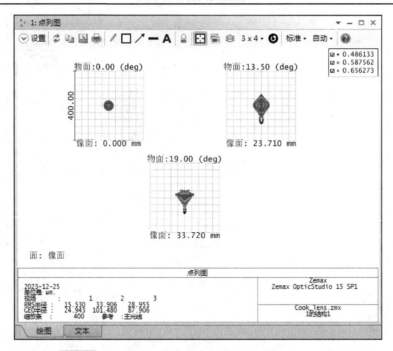

图 6.14　优化后的系统标准点列图(最大视场为 19°)

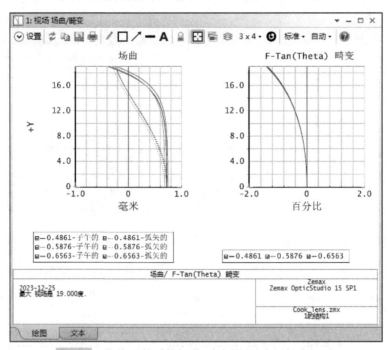

图 6.15　优化后的系统场曲/畸变图(最大视场为 19°)

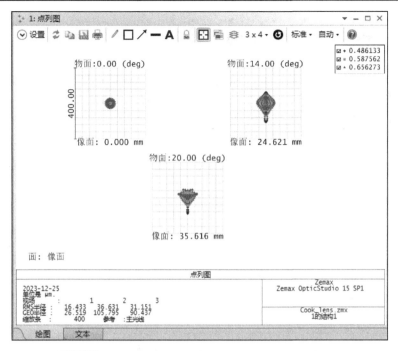

图 6.16　优化后的系统标准点列图（最大视场为 20°）

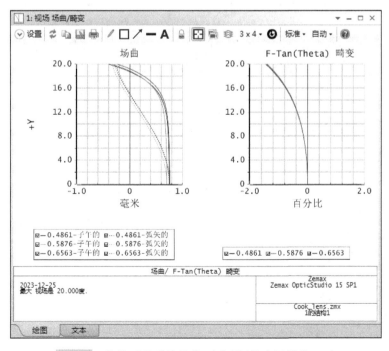

图 6.17　优化后的系统场曲/畸变图（最大视场为 20°）

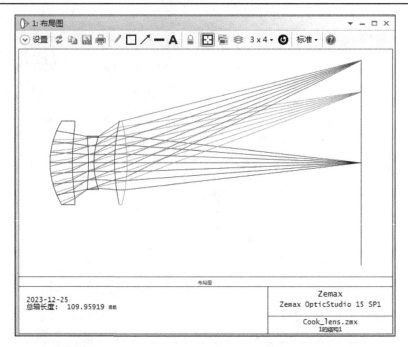

图 6.18　最大视场为 20°的柯克三片式摄影物镜 2D 视图

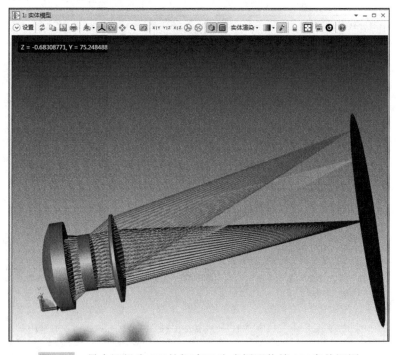

图 6.19　最大视场为 20°的柯克三片式摄影物镜 3D 实体视图

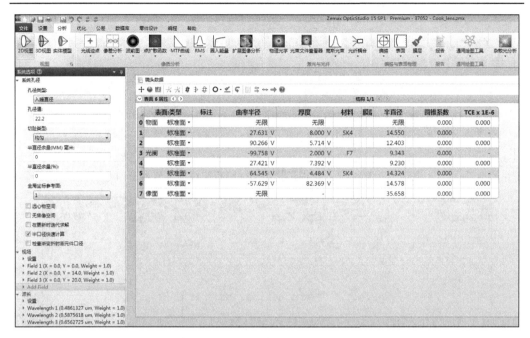

图 6.20　柯克三片式摄影物镜最终的镜头结构数据

将求出的透镜 1、透镜 2 和透镜 3 的表面曲率半径参数、透镜间隔和透镜材料参数输入镜头编辑器中. 注意，将编号为 6 的面的厚度求解类型设置为边缘光线高度，高度值和光瞳区域的值均为 0，说明系统近轴区域的边缘光线与像面的交点位于光轴上. 展开系统孔径菜单栏，将孔径类型设置为入瞳直径，孔径值为 22.22mm（因计算得到的第一辅助光线在透镜 2 上的投射高为 11.11mm，故孔径值应为 22.22mm），系统孔径的其他参数按照默认值设置. 打开视场编辑器，视场类型选角度，单击+号添加两个视场，将两个视场的 Y 角度分别设置为 14°（0.707 视场）和 20°（最大视场）. 打开波长编辑器，选择"F,d,C 可见光". 以上设置完成后，单击刷新按钮，即可显示完整的镜头编辑器数据，如图 6.21 所示. 在本实验中，没有涉及透镜厚度的计算，因为在镜头初始结构计算中将透镜当做薄透镜处理了，薄透镜的厚度被忽略了，但是实际的透镜是有一定厚度的，在用软件设计透镜的时候，给出一个合适的厚度即可，在本实验中，将正透镜和负透镜的中心厚度分别设置成了 8mm 和 3mm.

在分析菜单栏中打开镜头的 2D 视图，如图 6.22 所示. 可以看出，所计算的柯克三片式摄影物镜初始结构的误差非常大，这除了与我们根据经验设置透镜厚度有关外，还与我们在该物镜初始结构计算中只考虑了成像系统的初级场曲、初级位置色差和及初级倍率色差，并假设透镜是等间隔的有关.

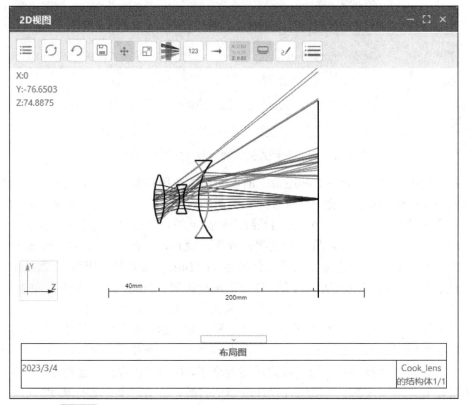

图 6.21　柯克三片式摄影物镜初始结构的镜头编辑器窗口

	表面类型	标注	曲率半径	厚度	材料	膜层	净口径	机械半径	圆锥系数	Tce x 1E-6
0	物面	标准面	inf	inf		0	inf	inf	0.0000	0.0000
1		标准面	53.0900	8.0000	SK4	0	18.4930	18.4930	0.0000	
2		标准面	-53.0900	11.7500		0	17.9211	18.4930	0.0000	
3	光阑	标准面	-25.2100	3.0000	F7	0	10.2044	11.1568	0.0000	
4		标准面	25.2100	11.7500		0	11.1568	11.1568	0.0000	0.0000
5		标准面	46.8500	8.0000	SK4	0	29.6240	29.9588	0.0000	
6		标准面	-46.8500	85.1594 M		0	29.9588	29.9588	0.0000	0.0000
7	像面	标准面	inf	-		0	76.1476	76.1476	0.0000	0.0000

图 6.22　柯克三片式摄影物镜初始结构 2D 视图（最大视场为 20°）

第二步，柯克三片式摄影物镜的优化.

　　由于利用初级像差理论计算出来的柯克三片式摄影物镜的初始结构像太大，因此在进行镜头优化的时候，需要先将该成像系统的最大视场设置得小一点，以免软件在计算的时候难以收敛，导致越优化结果越差. 本实验中，在优化前期，先将透镜的最大视场设置为 15°，相应的 0.707 附近视场处的视场角设置为 10°，设置后的系统 2D 视图如图 6.23 所示. 图 6.24 和图 6.25 所示分别为最大视场为 15°时柯克三片式摄影物镜初始结构的标准点列图和场曲/畸变图，可以看出，即使在最大视场为 15° 的情况下，像面上的光斑直径也远远超出实验要求的范围，但是畸变在实验要求的 4% 以内，所以在进行系统优化的时候，需要重点优化系统像面上的光斑大小.

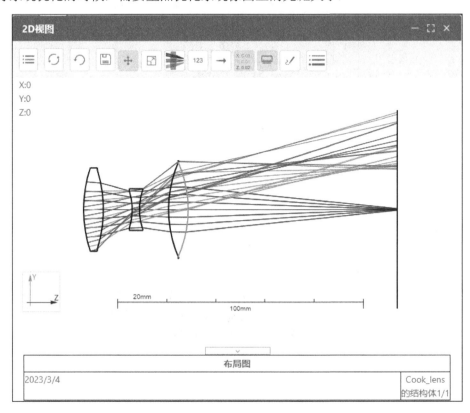

图 6.23　柯克三片式摄影物镜初始结构 2D 视图 (最大视场为 15°)

在优化菜单栏中打开评价函数编辑器，在评价函数编辑器窗口中展开优化向导，如图 6.26 所示，将优化函数的评价设置为点列图，类型设置为 RMS，这两项设置的含义为优化像面上的点列图的均方根半径，使其达到最小，参考光线设置为主光线. 因为所优化系统为圆形口径，所以光瞳采样类型选高斯求积，并设置 4 环 8 臂 (要想使得计算更加准确，可以设置更高的环臂数量，但是同时计算量也会更大，读者可根据实际需要自行合理设置). 在厚度边界设置窗口，将玻璃的最小中心厚度设置为 2mm，最大中心厚度设置为 8mm，边缘厚度设置为 1mm. 将空气的最小中心厚度设置为 0.1mm，最大中心厚度设置为 100mm，边缘厚度设置为 1mm. 设置完成后单击"确定". 在生成的操作数列表中，将 DMFS 这一行上方的一行空白操作数设置为 EFFL(有效焦距操作数)，如图 6.27 所示，将 EFFL 设置为实验要求的 100(注意：EFFL 操作数的值的默认单位为 mm)，同时将其权重设置为 0.5. 设置完成后，刷新并关闭评价函数编辑器窗口.

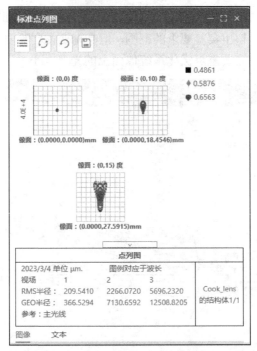

图 6.24　柯克三片式摄影物镜初始结构的标准点列图（最大视场为 15°）

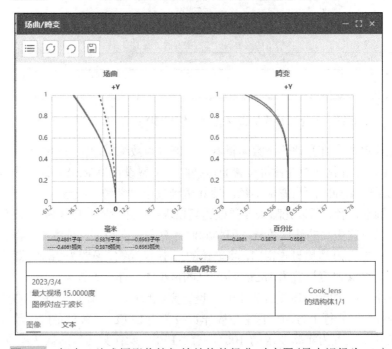

图 6.25　柯克三片式摄影物镜初始结构的场曲/畸变图（最大视场为 15°）

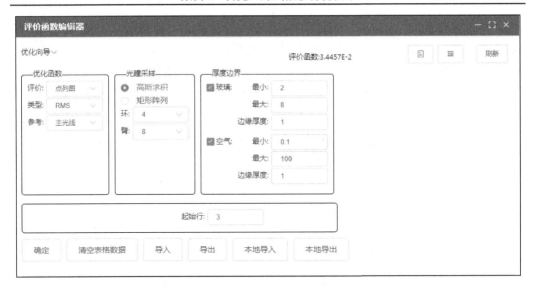

图 6.26　评价函数编辑器的优化向导设置窗口

	类型	-	波	-	-	-	-	目标	权重	评估	%贡献
1	EFFL		2					100	0.5000	1.0000E+2	0.0001
2	DMFS										
3	BLNK	序列评价函数 类型: RMS标准:点列图参考:主光线:高斯求积4环8臂									
4	BLNK	默认玻璃及空气厚度边界约束									
5	MNCA	1	6					0.1	1.0000	1.0000E-1	0.0000
6	MXCA	1	6					100	1.0000	1.0000E+2	0.0000
7	MNEA	1	6	0.0000				1	1.0000	1.0000E+0	0.0000
8	MNCG	1	6					2	1.0000	2.0000E+0	0.0000
9	MXCG	1	6					8	1.0000	8.0000E+0	0.0000
10	MNEG	1	6	0.0000			0	1	1.0000	8.7841E-1	87.8196
11	BLNK	操作数对应视场1									
12	TRAD		1	0.0000	0.0000	0.2635	0.0000	0	0.0607	7.8888E-3	0.0224
13	TRAE		1		0.0000	0.2635	0.0000	0	0.0607	0	0.0000
14	TRAD		1	0.0000	0.0000	0.5745	0.0000	0	0.1138	5.9236E-3	0.0237
15	TRAE		1		0.0000	0.5745	0.0000	0	0.1138	0	0.0000
16	TRAD		1	0.0000	0.0000	0.8185	0.0000	0	0.1138	-6.4595E-3	0.0282
17	TRAE		1		0.0000	0.8185	0.0000	0	0.1138	0	0.0000
18	TRAD		1	0.0000	0.0000	0.9647	0.0000	0	0.0607	-1.4175E-2	0.0725
19	TRAE		1		0.0000	0.9647	0.0000	0	0.0607	0	0.0000
20	TRAD		2	0.0000	0.0000	0.2635	0.0000	0	0.0607	1.1209E-2	0.0453
21	TRAE		2		0.0000	0.2635	0.0000	0	0.0607	0	0.0000

图 6.27　评价函数编辑器中的操作数列表

　　在优化前还需要设置变量，由于初始结构像差太大，因此，将所有透镜的表面曲率半径和厚度设置为变量. 刷新结构后，在优化菜单栏中单击"优化"，在弹出的优化窗口中单击"开始",即可开始进行优化,优化完成后单击"退出"关闭优化窗口. 打开优化后的结构的 2D 视图,如图 6.28 所示. 可以看出来,系统结构较优化前大有改善. 从图 6.29 和图 6.30 所示的优化后的系统的标准点列图和场曲/畸变图可以看出来,像面上的光斑 RMS 半径均小于 40μm,最大相对畸变远小于 4%.

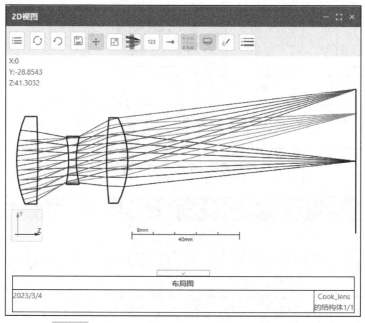

图 6.28　优化后的系统 2D 视图(最大视场为 15°)

　　逐步优化最大视场分别为 16°、17°、18° 和 19° 的结构. 图 6.31 和图 6.32 所示分别为优化后的最大视场为 17° 的系统的标准点列图和场曲/畸变图,可以看出来,该最大视场下,像面上的光斑 RMS 半径均小于 45μm,最大相对畸变远小于 4%. 图 6.33 和图 6.34 所示分别为优化后的最大视场为 19°(其 0.707 视场设置为 13.5°)的系统的标准点列图和场曲/畸变图,可以看出来,除了第二视场在像面上的光斑 RMS 半径稍微大于 40μm 外,其余视场的光斑 RMS 半径均小于 40μm,最大相对畸变依然远小于 4%.

　　图 6.35 和图 6.36 所示为优化后的最大视场为 20°(其 0.707 视场设置为 14°)的系统的标准点列图和场曲/畸变图. 可以看出来,所有视场的光斑 RMS 半径均满足实验要求的不大于 45μm(注意:第二视场的光斑直径仅比实验要求的值大 0.64μm,可认为是满足实验要求的),最大相对畸变也依然远小于实验要求的 4%. 至此,基本满足实验要求的柯克三片式摄影物镜已经设计完成,其 2D 和 3D 视图分别如图 6.37 和图 6.38 所示.

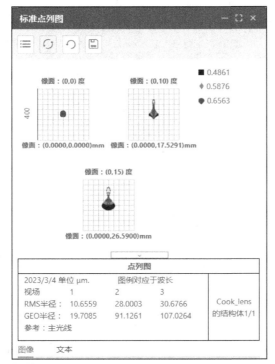

图 6.29　优化后的系统标准点列图（最大视场为 15°）

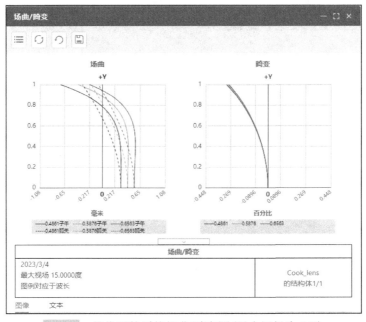

图 6.30　优化后的系统场曲/畸变图（最大视场为 15°）

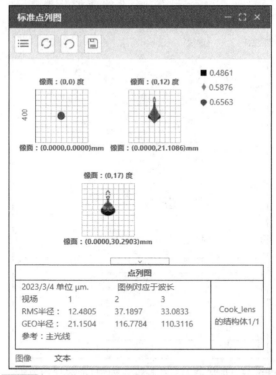

图 6.31　优化后的系统标准点列图（最大视场为 17°）

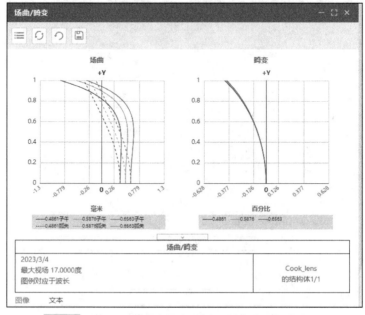

图 6.32　优化后的系统场曲/畸变图（最大视场为 17°）

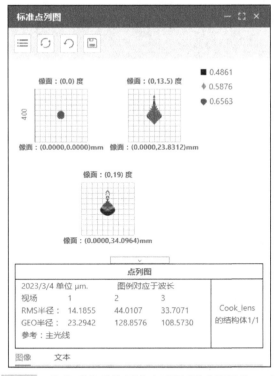

图 6.33　优化后的系统标准点列图（最大视场为 19°）

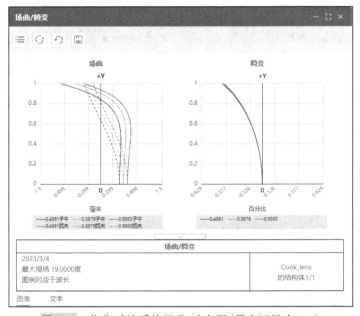

图 6.34　优化后的系统场曲/畸变图（最大视场为 19°）

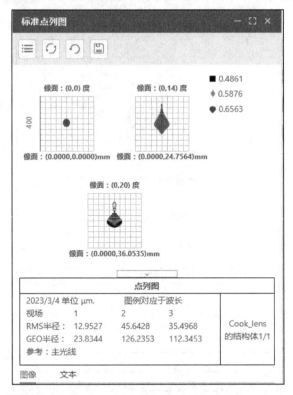

图 6.35　优化后的系统标准点列图（最大视场为 20°）

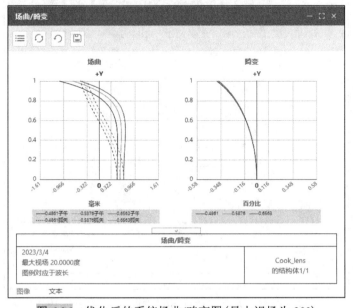

图 6.36　优化后的系统场曲/畸变图（最大视场为 20°）

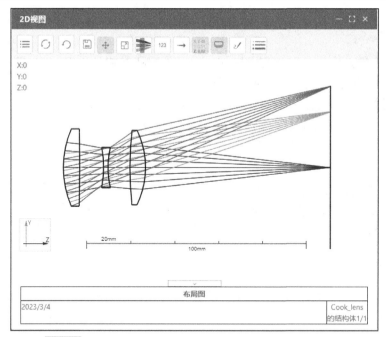

图 6.37　最大视场为 20°的柯克三片式摄影物镜 2D 视图

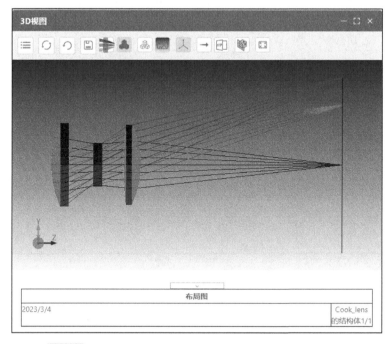

图 6.38　最大视场为 20°的柯克三片式摄影物镜 3D 视图

【实验小结】

(1)通过本实验的学习和实践操作,可以了解和掌握使用 Zemax 和 SeeOD 光学设计软件优化设计柯克三片式摄影物镜的方法和步骤;

(2)通过对比使用 Zemax 和 SeeOD 光学设计软件优化设计柯克三片式摄影物镜的过程可以发现,二者在优化结果上是基本一致的.

【实验扩展】

可以在本实验的基础上利用软件中用于系统优化的其他操作数,优化设计系统结构,进一步减小像面上的光斑尺寸,减小像差.或者设计其他类型的摄影物镜,比如特萨物镜等.

【参考文献】

毛文炜. 2013. 现代光学镜头设计方法与实例. 北京: 机械工业出版社.

案例 7　显微镜设计

7.1　显微镜介绍

目视光学仪器有两种，一种是让人们看清更小物体的显微镜，另一种是让人们看得更远的望远镜. 自从 16 世纪后期荷兰眼镜制造商詹森父子制作出世界上第一台显微镜 (由两个透镜组成的放大率为 9 倍的显微镜) 以来，显微镜已经发展了 400 多年. 伴随着科技的进步，包括光学材料的发展、光学加工技术的进步，尤其是集成电路技术的发展，目前的显微镜不论是在型式上还是功能上都更为复杂和多样. 现在，几乎所有的显微镜除了可以目视观察外，还可以搭配 CCD (电荷耦合器件) 或者 CMOS (互补金属氧化物半导体器件) 对所观察的物体进行电子记录. 在功能上，较为先进的显微镜有可用于观察和记录透明度高的物体的相差显微镜和荧光显微镜等、用于观察和记录双折射材料的偏光显微镜等、用于观察和记录金属物体的金相显微镜等，不胜枚举.

一般而言，一个光学显微系统可分为目镜系统和物镜系统，如图 7.1 所示，$f_{物}$ 为物镜的焦距，$f_{目}$ 为目镜的焦距，Δ 为光学筒长，$-y$ 为物高，被物镜放大后的像高为 y'，被观察物体经物镜先成一个放大的实像，目镜再将该实像成像在无穷远处，供人眼观察或摄像系统记录.

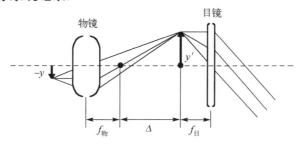

图 7.1　光学显微系统示意图

7.2　显微镜设计实验

【实验目的】

(1) 掌握显微镜的工作原理和设计原理；

(2)掌握使用 Zemax 和 SeeOD 光学设计软件优化设计显微物镜和目镜的方法;

(3)掌握使用 Zemax 和 SeeOD 光学设计软件设计整个显微系统的流程和方法.

【实验要求】

(1)对物镜的设计要求:

(a)数值孔径 NA=0.25,物像共轭距为 195mm,垂轴放大率为−10 倍,物高为 0.9mm;

(b)像面上所有视场的光斑 RMS 半径不超过 4μm(逆向设计).

(2)对目镜的设计要求:

(a)视放大率为 10 倍;

(b)像面上最大视场的光斑 RMS 半径不超过 30μm(逆向设计).

(3)将所设计的物镜和目镜连接起来,组成放大率为 100 倍的显微系统.

【实验原理和步骤】

1. 显微镜成像系统设计方法

在显微镜成像系统的设计中,一般物镜和目镜单独设计,并独立校正像差,且一般不考虑它们之间像差的相互补偿. 在物镜和目镜的设计中,较为常用的方法是从初级像差理论出发(如本书案例 6 中所使用的方法),根据对镜头光学特性和工作特性的要求,先算出一个初始结构,然后再借助光学设计软件进行像差优化. 另一个方法是通过查资料,找到一个和目标镜头接近的已经设计好的或广泛使用的镜头,然后利用光学设计软件进行参数调整和结构优化,最终得到满足要求的镜头结构. 在本实验中,将采取第二种方法来设计实验要求的显微物镜和目镜. 在设计显微物镜和目镜的时候,一般采用逆向设计法,因为对于成像光学系统来说,垂轴放大率 β 和轴向放大率 α 之间的关系为 $\alpha=\beta^2$,且一般物镜和目镜的放大倍数都是远大于 1 的,如果采用正向设计的话,在结构优化过程中,物距和像距小的变化会引起垂轴放大率 β 和轴向放大率 α 极大的变化,导致容易偏离对系统的光学特性的要求,如果采用逆向设计的话,则系统的放大率将远小于 1,此时在优化中再调整物距和像距的话,也不对垂轴放大率 β 和轴向放大率 α 有太大的影响,从而容易得到满意的优化设计结果.

本实验要设计的显微物镜垂轴放大率为−10 倍,取自林晓阳著的《ZEMAX 光学设计超级学习手册》中的光学特性参数相近的李斯特物镜. 该参考物镜由两片材料组合(K5 玻璃和 F2 玻璃组合)一样的双胶合透镜组成,其垂轴放大率为−9 倍,焦距为 15 mm,物像共轭距为 180mm,最大线视场为 0.8mm,入瞳直径为 7.76mm. 本实验要设计的视放大率为 10 倍的显微目镜,其初始结构也取自该书中的特性参数相近的消畸变目镜. 对于该参考目镜系统，其最大半视场为 22.5°，入瞳直径为 4mm，焦距为 28mm.

2. 使用 Zemax 光学设计软件设计显微镜成像系统

1) 物镜的优化设计

第一步，显微物镜初始结构建模.

打开 Zemax 光学设计软件，单击"新建"按钮，新建一个空白的镜头项目工程，将该工程命名为 Objective，将李斯特物镜的初始结构输入软件中. 展开系统孔径菜单栏，将孔径类型设置为入瞳直径，孔径值设置为 7.76mm，系统孔径的其他参数按照默认值设置. 打开视场编辑器，视场类型选物高，新增两个视场，并将两个视场的 Y 值分别设置为 5.6mm（即 0.707 视场）和 8mm（即最大视场）. 打开波长编辑器，选择"F,d,C 可见光". 以上设置完成后，将物镜的初始结构参数输入镜头编辑器中，如图 7.2 所示.

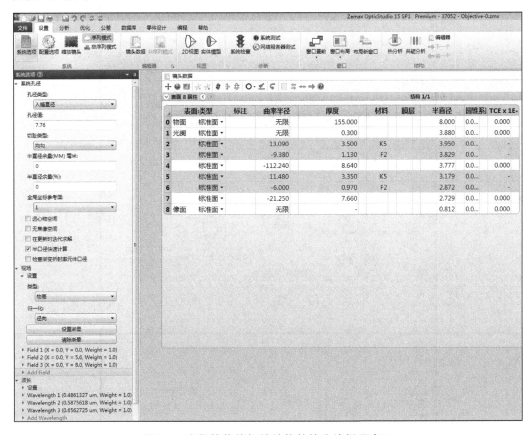

图 7.2　李斯特物镜初始结构的镜头编辑器窗口

图 7.3～图 7.5 所示分别为该初始物镜的 2D 视图、标准点列图和 MTF（调制传递函数）曲线图. 从图 7.3 中可以看出，该初始结构是一个逆向显微物镜光学系统. 同时，从图 7.4 和图 7.5 中可以看出，该初始结构在像面上的光斑 RMS 半径均未超过 5μm，但是其 MTF 值在 150lp/mm 处为 0.25 左右，略低于 0.3 的实验要求.

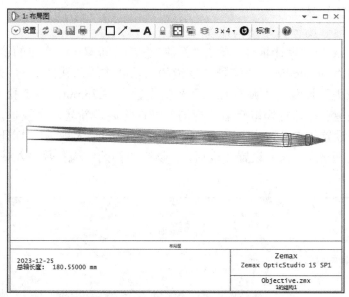

图 7.3 李斯特物镜初始结构的 2D 视图

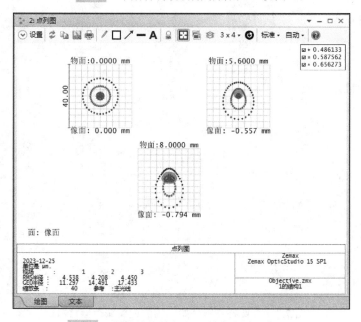

图 7.4 李斯特物镜初始结构的标准点列图

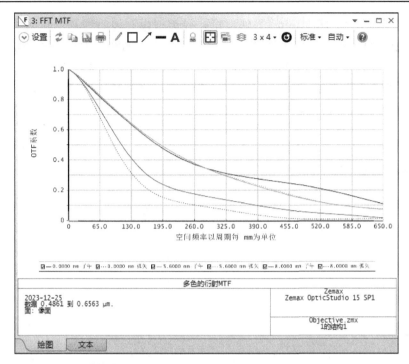

图 7.5　李斯特物镜初始结构的 MTF 曲线图

第二步，显微物镜优化.

根据实验要求，要设计的物镜的物像共轭距 L 为 195mm，放大率为 $\beta_{物}=-10$，因此可以根据公式 $f_{物}=-\beta_{物}L/(1-\beta_{物})^2$ 计算得到物镜的焦距 $f_{物}$ 为 16.11mm，而初始的焦距为 15mm，因此需要进行焦距的缩放. 单击镜头编辑器快捷按钮栏中的按焦距缩放按钮，在弹出窗口中输入目标焦距 16.11mm，如图 7.6 所示. 单击"确定"后即

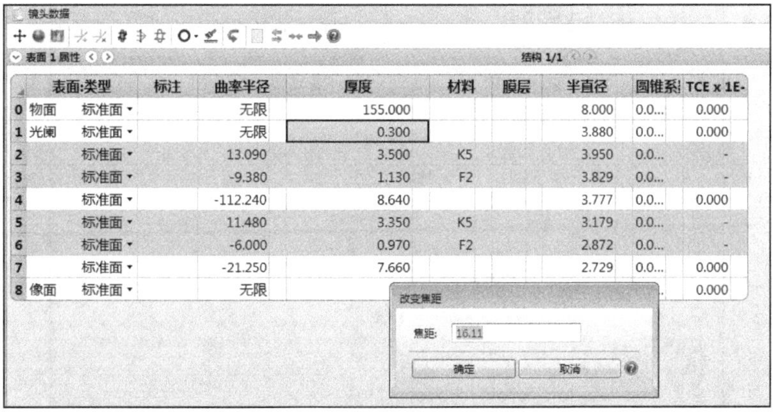

图 7.6　初始结构的缩放

可将系统的焦距改为 16.11mm. 另外，将孔径类型设置为"物方空间 NA"（即物方的数值孔径，因为物镜系统为逆向优化设计，故此时的物方数值孔径的值为实验要求的 1/10），孔径值设置为 0.025mm，打开视场编辑器，将两个视场的 Y 值分别改为 6.3mm（即 0.707 视场）和 9mm（即目标系统的最大视场）. 图 7.7 所示为修改后的李斯特物镜的镜头编辑器数据. 图 7.8 和图 7.9 所示分别为修改后的物镜的点列图和 MTF 曲线图. 可以看出，像面上光斑 RMS 半径几乎没有劣化，但 MTF 值有少许劣化，这说明所选的初始结构较为优良，便于优化.

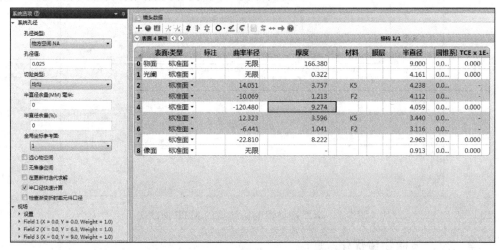

图 7.7　进行结构缩放和参数修改后的李斯特物镜的镜头编辑器数据

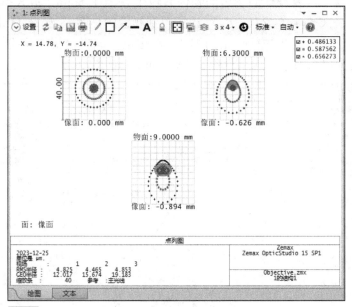

图 7.8　进行结构缩放和参数修改后的李斯特物镜的标准点列图

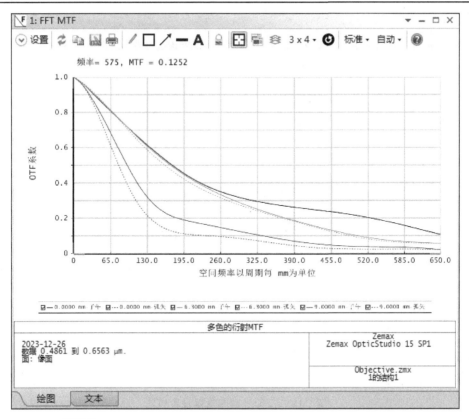

图 7.9　进行结构缩放和参数修改后的李斯特物镜的 MTF 曲线图

接着，在优化菜单栏中打开评价函数编辑器，在评价函数编辑器窗口中展开优化向导，如图 7.10 所示，将优化函数的类型设置为 RMS，标准设置为光斑半径，参考设置为主光线. 光瞳采样类型选高斯求积，并按照默认设置 3 环 6 臂(要想使得计算更加准确，可以设置更高的环臂数量，但是同时计算量也会更大，读者可根据实际需要自行合理设置). 在厚度边界设置窗口，将玻璃的最小中心厚度设置为1mm，最大中心厚度设置为 4mm，边缘厚度设置为 1mm. 将空气的最小中心厚度设置为 0.1mm，最大中心厚度设置为 1000mm，边缘厚度设置为 1mm. 设置完成后单击"确定". 在生成的操作数列表中，如图 7.10 所示，在 DMFS 这一行上方插入了3 行空白操作数，并依次输入"ISNA"(即像方数值孔径操作数，将其目标值设置为 0.25，意思是控制像方数值孔径为 0.25)、"REAY"(即实像高操作数，将面这个参数设置为 8，即将优化像面上的像高，将 Hy 这个参数设置为 1，即将优化最大视场的像高，将目标值设置为 −0.9mm，负号表示控制像面的像为倒立)和"TTHI"(将面 1 设置为 0，面 2 设置为 7，将 TTHI 目标值设置为 195，意思是控物像共轭距为 195mm). 评价函数编辑器设置完成后，刷新并关闭函数编辑器窗口.

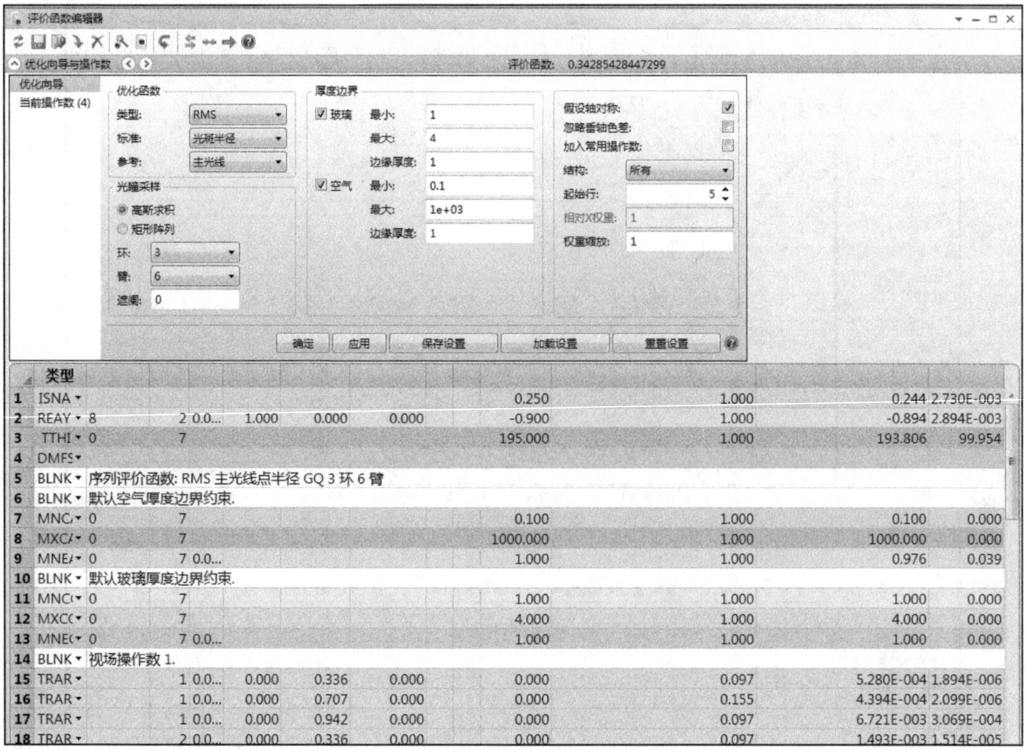

图 7.10 评价函数编辑器设置窗口

在优化前还需要设置变量，这里将所有透镜的表面曲率半径和厚度设置为变量. 然后，在优化菜单栏中单击"执行优化"，在弹出的优化窗口中单击"开始"，即可开始进行优化，优化完成后单击"退出"关闭优化窗口. 打开优化后的系统的标准点列图(如图 7.11 所示)和 MTF 曲线图(如图 7.12 所示)，可以看出来，像面上的光斑 RMS 半径均小于实验要求的 5μm，除了最大视场的弧矢 MTF 值(既弧矢方向上的 MTF 值)外，其余视场的 MTF 值在 150lp/mm 处均不低于 0.3. 为了让最大视场的弧矢 MTF 值也不低于 0.3，这里在评价函数编辑器窗口再添加一个操作数，即 MTFS 操作数，将最大视场(Hy 参数设置为 1)的弧矢 MTF 值在频率为 150lp/mm 处的目标优化值设置为不低于 0.3，如图 7.13 所示. 设置完成后，关闭或刷新评价函数编辑器窗口，再次进行优化，图 7.14 和图 7.15 分别为优化后的系统标准点列图和 MTF 曲线图，可以看出来，添加 MTFS 操作数再次优化后，系统像面上的光斑 RMS 值没有明显变化，同时在实现了最大视场的弧矢 MTF 值在 150lp/mm 处优化到了不低于 0.3 的值之外，其他视场的 MTF 值也均没有明显降低. 图 7.16 所示为优化后的物镜的镜头编辑器数据.

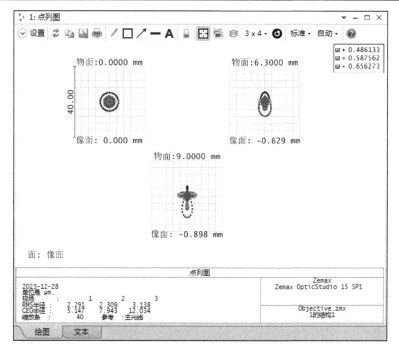

图 7.11　优化后的系统标准点列图

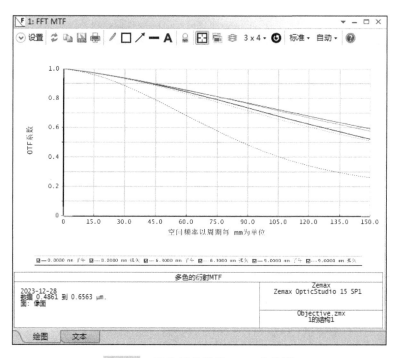

图 7.12　优化后的系统 MTF 曲线图

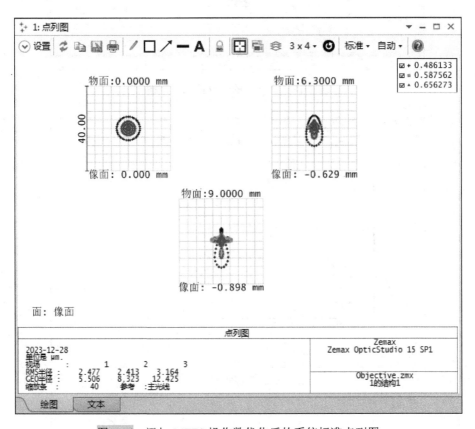

	类型	采样	波	视场	频率	栅格	数据	目标	权重	评估	% 贡献
1	ISNA ▾							0.250	1.000	0.243	4.406
2	REAY ▾	8		2	0.0...	1.0...	0.0...	0.000	-0.900	1.000	-0.898	0.282
3	TTHI ▾	0		7				195.000	1.000	195.000	1.164E-008
4	MTFS ▾	1		0	3	15...	0	0	0.300	1.000	0.266	94.339
5	DMFS ▾										
6	BLNK ▾	序列评价函数: RMS 主光线点半径 GQ 3 环 6 臂									
7	BLNK ▾	默认空气厚度边界约束.									
8	MNC ▾	0		7				0.100	1.000	0.100	0.000
9	MXC ▾	0		7				1000.000	1.000	1000.000	0.000
10	MNE ▾	0		7	0.0...			1.000	1.000	1.000	0.000
11	BLNK ▾	默认玻璃厚度边界约束.									
12	MNC ▾	0		7				1.000	1.000	1.000	0.000
13	MXC ▾	0		7				4.000	1.000	4.000	0.000
14	MNE ▾	0		7	0.0...			1.000	1.000	1.000	0.000
15	BLNK ▾	视场操作数 1.									
16	TRAR ▾		1	0.0...	0.0...	0.3...	0.000	0.000	0.097	9.678E-004	7.500E-003
17	TRAR ▾		1	0.0...	0.0...	0.7...	0.000	0.000	0.155	7.821E-004	7.838E-003

图 7.13 设置 MTFS 操作数

图 7.14 添加 MTFS 操作数优化后的系统标准点列图

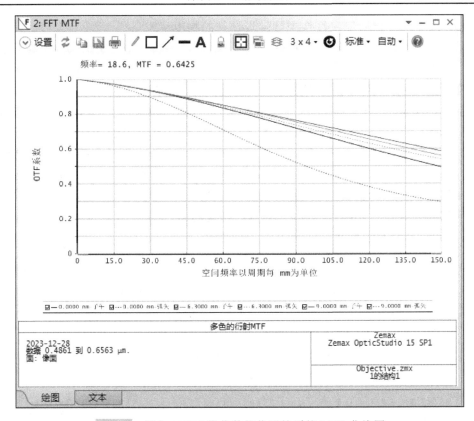

图 7.15　添加 MTFS 操作数优化后的系统 MTF 曲线图

	表面:类型	标注	曲率半径	厚度	材料	膜层	半直径	圆锥系	TCE x 1E-
0	物面	标准面 ▾	无限	166.616 V			9.000	0.0...	0.000
1	光阑	标准面 ▾	无限	0.282 V			4.167	0.0...	0.000
2		标准面 ▾	12.906 V	3.736 V	K5		4.246	0.0...	
3		标准面 ▾	-10.344 V	2.215 V	F2		4.099	0.0...	
4		标准面 ▾	-75.483 V	9.996 V			3.989	0.0...	0.000
5		标准面 ▾	10.419 V	3.995 V	K5		3.007	0.0...	
6		标准面 ▾	-5.649 V	3.794 V	F2		2.524	0.0...	
7		标准面 ▾	-27.077 V	4.366 V			2.007	0.0...	0.000
8	像面	标准面 ▾	无限	-			0.911	0.0...	0.000

图 7.16　添加 MTFS 操作数优化后的物镜的镜头编辑器数据

第三步，物镜的翻转.

由于物镜的设计用的是逆向设计法，因此，其在与目镜接合前还需要进行结构的翻转. 接下来介绍如何在软件中翻转设计好的物镜.

　　首先, 在镜头数据编辑器中移除所有变量(可以手动一个一个地移除变量, 也可以在优化菜单栏中单击左侧带有红色"×"符号的移除所有变量按钮, 一次性移除所有变量), 接着将所有表面的净口径设置为固定, 如图 7.17 所示, 单击镜头数据编辑器窗口快捷按钮栏中的孔径操作按钮(其符号标识为黑色空心圆圈), 在弹出的选项中选择"将半直径转化为表面孔径", 即可将所有表面的净口径设置为固定. 接着, 在镜头数据编辑器的快捷按钮栏中单击翻转元件按钮, 打开反向排列元件窗口, 如图 7.18 所示, 将要翻转的起始面设置为面 1, 终止面设置为面 7, 即除了物面和像面不翻转外, 其余面都需要翻转. 翻转后, 将物距和像距的数值调换. 同时, 修改系统的孔径类型为光阑尺寸浮动, 并修改系统的第二、第三视场的 Y 值分别为 0.63 和 0.9. 图 7.19 所示为翻转后的物镜的 2D 视图.

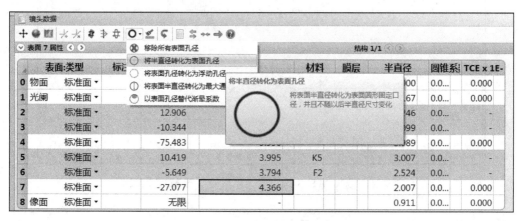

图 7.17　将所有的净口径设置为固定

图 7.18　翻转物镜

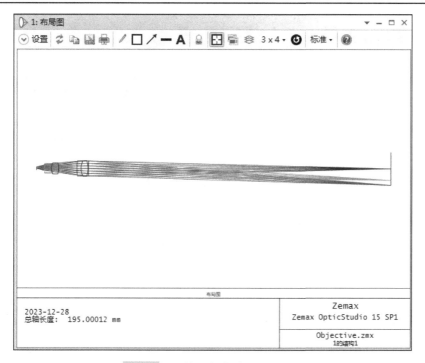

图 7.19　翻转后的物镜的 2D 视图

2）目镜的优化设计

第一步，目镜初始结构建模.

在 Zemax 光学设计软件中新建一个空白的镜头项目工程，将该工程命名为 Eye Lens. 展开系统孔径菜单栏，将孔径类型设置为入瞳直径，孔径值设置为 4mm，系统孔径的其他参数按照默认值设置. 打开视场编辑器，视场类型选角度，新增两个视场，并将两个视场的 Y 值分别设置为 15.75°（即 0.707 视场）和 22.5°（即最大视场）. 打开波长编辑器，选择"F,d,C 可见光". 以上设置完成后，将消畸变目镜的初始结构参数输入镜头编辑器中，如图 7.20 所示. 图 7.21 所示为消畸变目镜初始结构的 2D 视图.

目标显微目镜的视放大率为 10 倍，故其焦距应为 25mm. 由于前面设计的翻转后，也即正向工作的物镜的像高为 9mm，因此，可以计算出目标显微目镜的最大半视场为 20°. 另外，由于物镜（正向）的像方数值孔径为 0.025，因此，根据光学设计经验公式（即 10 倍目镜（逆向）的入瞳直径为目镜的焦距 $f_{目}$ 与物镜像方数值孔径的 2 倍的比值）计算可得目镜（逆向）的入瞳直径为 1.25mm. 将如图 7.20 所示的初始目镜的焦距缩放为 25mm，并将入瞳直径改为目标值 1.25mm，同时，在原来的三个视场的基础上新增两个视场，即 14°（0.707 视场）和 20°（最大视场）.

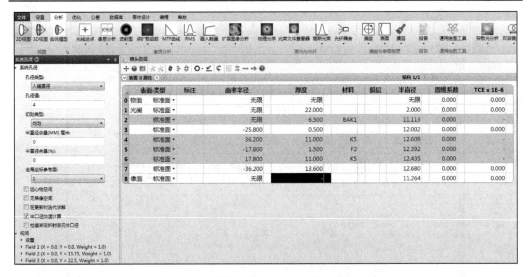

图 7.20　消畸变目镜初始结构的镜头编辑器窗口

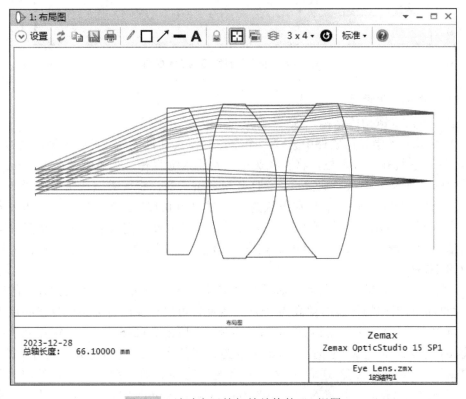

图 7.21　消畸变目镜初始结构的 2D 视图

图 7.22～图 7.24 所示分别为按照目标参数修改后的目镜系统的镜头数据、2D 视图和像面上的标准点列图，可以看出来，像面上的光斑 RMS 半径均满足实验要求的不超过 30μm，故无需进一步优化.

图 7.22　目镜缩放和参数修改后的目镜系统镜头数据

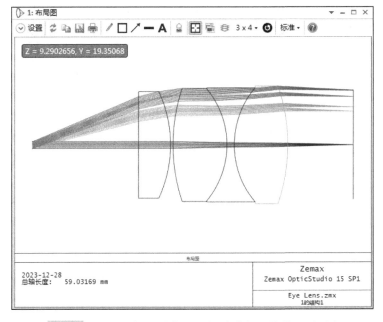

图 7.23　按照目标参数修改后的消畸变目镜的 2D 视图

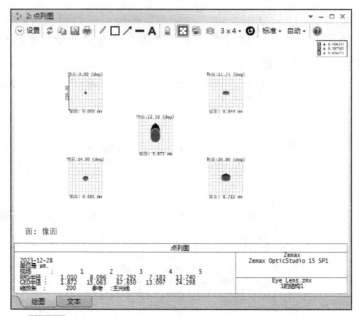

图 7.24　按照目标参数修改后的消畸变目镜的标准点列图

第二步，目镜的翻转.

由于目镜的设计同样也是用的逆向设计法，因此，其在与物镜接合前还需要进行结构翻转. 可参考物镜的翻转方法翻转目镜. 翻转后的目镜系统镜头数据和 2D 视图分别如图 7.25 和图 7.26 所示. 这里需要注意的是，翻转后，除了需要将物距设置为翻转前的像距外，为了显示方便，将像距设置为 0，而不是无穷远. 另外，还需

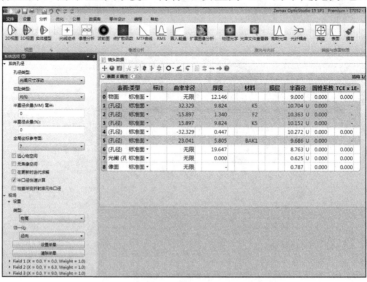

图 7.25　翻转后的目镜系统镜头数据

要将视场类型设置为物高，其中 0.707 视场的物高为 6.3mm，最大视场的物高为 9mm，与正向的显微物镜系统的像高匹配.

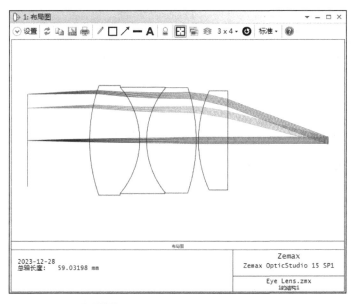

图 7.26　翻转后的目镜系统 2D 视图

3) 物镜和目镜的组合

再次打开翻转后的物镜，在软件顶部的文件菜单栏，单击"插入镜头"按钮，在弹出的窗口中，选择翻转后的目镜文件，单击"打开"，在弹出窗口中选在第 8 个面插入(即在物镜的像面处插入目镜)，并勾选"忽略物体"，否则目镜的物面将无法插入物镜系统，如图 7.27 所示，单击"确定"，即可将目镜系统和物镜系统连接起来，图 7.28

图 7.27　物镜系统中插入目镜示意图

和图 7.29 所示分别为整个 100 倍显微系统的镜头结构数据和 2D 视图. 至此，满足实验要求的 100 倍显微镜设计完毕.

	表面:类型	标注	曲率半径	厚度	材料	膜层	半直径	圆锥系数	TCE x 1E-
0	物面	标准面 ▾		无限	4.366			0.900	0.0...	0.000
1	(孔径)	标准面 ▾		27.077	3.794	F2		2.007 U	0.0...	-
2	(孔径)	标准面 ▾		5.649	3.995	K5		2.524 U	0.0...	-
3	(孔径)	标准面 ▾		-10.419	9.996			3.007 U	0.0...	0.000
4	(孔径)	标准面 ▾		75.483	2.215	F2		3.989 U	0.0...	-
5	(孔径)	标准面 ▾		10.344	3.736	K5		4.099 U	0.0...	-
6	(孔径)	标准面 ▾		-12.906	0.282			4.246 U	0.0...	0.000
7	光阑 (孔	标准面 ▾		无限	166.616			4.167 U	0.0...	0.000
8		标准面 ▾		无限	12.146			9.060	0.0...	0.000
9	(孔径)	标准面 ▾		32.329	9.824	K5		10.704 U	0.0...	-
10	(孔径)	标准面 ▾		-15.897	1.340	F2		10.363 U	0.0...	-
11	(孔径)	标准面 ▾		15.897	9.824	K5		10.152 U	0.0...	-
12	(孔径)	标准面 ▾		-32.329	0.447			10.272 U	0.0...	-
13	(孔径)	标准面 ▾		23.041	5.805	BAK1		9.686 U	0.0...	-
14	(孔径)	标准面 ▾		无限	19.647			8.763 U	0.0...	0.000
15	(孔径)	标准面 ▾		无限	0.000			0.625 U	0.0...	0.000
16	像面	标准面 ▾		无限	-			1.290	0.0...	0.000

图 7.28　100 倍显微系统的镜头结构数据

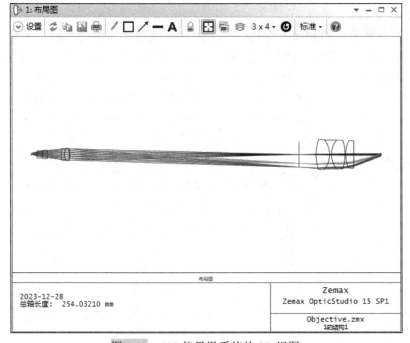

2023-12-28
总轴长度： 254.03210 mm

Zemax
Zemax OpticStudio 15 SP1

Objective.zmx
1的结构1

图 7.29　100 倍显微系统的 2D 视图

3. 使用 SeeOD 光学设计软件优化设计显微镜成像系统

1）物镜的优化设计

第一步，显微物镜初始结构建模.

打开网页版的 SeeOD 光学设计软件，单击"新建"按钮，新建一个空白的镜头项目工程，将该工程命名为 Objective 后打开. 展开系统孔径菜单栏，将孔径类型设置为入瞳直径，孔径值设置为 7.76mm，系统孔径的其他参数按照默认值设置. 打开视场编辑器，视场类型选物高，单击+号添加两个视场，将两个视场的 Y 值分别设置为 5.6mm（即 0.707 视场）和 8mm（即最大视场）. 打开波长编辑器，选择"F,d,C 可见光". 以上设置完成后，将李斯特物镜的结构参数输入镜头编辑器中，如图 7.30 所示. 图 7.31 和图 7.32 所示分别为该物镜初始结构的 2D 视图和标准点列图. 可以看出，该初始结构所有视场在像面上的光斑 RMS 半径均略微超过 4μm.

		表面类型	标注	曲率半径	厚度	材料	膜层	净口径	机械半直径
	0	物面	标准面	inf	155.0000		0	8.0000	8.0000
	1	光阑	标准面	inf	0.3000		0	3.8800	3.8800
	2		标准面	13.0900	3.5000	K5	0	3.9498	3.9498
	3		标准面	-9.3800	1.1300	F2	0	3.8276	3.9498
	4		标准面	-112.2400	8.6400		0	3.7762	3.9498
	5		标准面	11.4800	3.3500	K5	0	3.1766	3.1766
	6		标准面	-6.0000	0.9700	F2	0	2.8708	3.1766
	7		标准面	-21.2500	7.6600		0	2.7250	3.1766
	8	像面	标准面	inf	-		0	0.8061	0.8061

图 7.30　李斯特物镜初始结构的镜头编辑器窗口

根据实验要求，要设计的物镜的物像共轭距 L 为 195mm，放大率为 $\beta_{物}=-10$，因此可以根据公式 $f_{物}=-\beta_{物}L/(1-\beta_{物})^2$ 计算得到物镜的焦距 $f_{物}$ 为 16.11mm，而初始的焦距为 15.09mm，因此需要进行焦距的缩放. 单击镜头编辑器窗口顶部快捷按钮栏中的改变焦距按钮（从左边数第三个按钮），输入目标焦距 16.11mm，刷新镜头编辑器后即可将系统的焦距改为 16.11mm. 另外，将孔径类型设置为物方数值孔径，孔径值设置为 0.025mm，打开视场编辑器，将两个视场的 Y 值分别改为 6.3mm（即 0.707 视场）和 9mm（即目标系统的最大视场）. 图 7.33 所示为修改后的李斯特物镜的镜头编辑器数据. 图 7.34 所示为修改后的李斯特物镜的标准点列图. 可以看出，像面上光斑 RMS 半径略微劣化，需要对结构修改后的物镜进行优化.

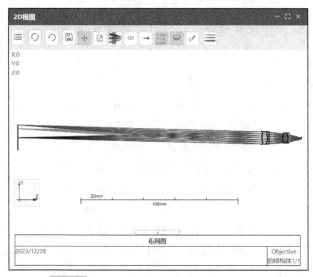

图 7.31　李斯特物镜初始结构的 2D 视图

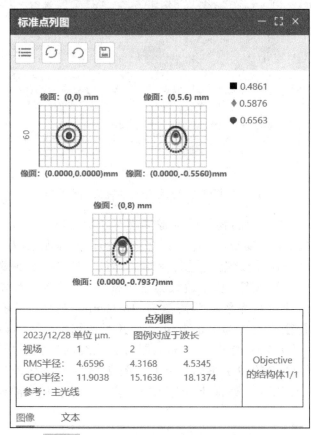

图 7.32　李斯特物镜初始结构的标准点列图

		表面类型	标注	曲率半径		厚度		材料		膜层		净口径	机械半直径
▽ 0	物面	标准面		inf		166.3804				0		9.0000	9.0000
1	光阑	标准面		inf		0.3220				0		4.1608	4.1608
2		标准面		14.0511		3.7570		K5		0		4.2380	4.2380
3		标准面		-10.0687		1.2130		F2		0		4.1122	4.2380
4		标准面		-120.4809		9.2744				0		4.0592	4.2380
5		标准面		12.3229		3.5960		K5		0		3.4400	3.4400
6		标准面		-6.4405		1.0412		F2		0		3.1167	3.4400
7		标准面		-22.8102		8.2224				0		2.9632	3.4400
8	像面	标准面		inf		-				0		0.9135	0.9135

图 7.33 进行结构缩放和参数修改后的李斯特物镜的镜头编辑器数据

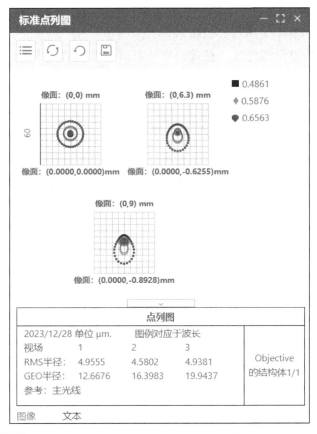

图 7.34 进行结构缩放和参数修改后的李斯特物镜的标准点列图

第二步，物镜的优化.

在优化菜单栏中打开评价函数编辑器,在评价函数编辑器窗口中展开优化向导,如图 7.35 所示,将优化函数的评价设置为点列图,类型设置为 RMS,参考设置为主光线. 光瞳采样类型选高斯求积,并设置 3 环 6 臂(要想使得计算更加准确,可以设置更高的环臂数量,但是同时计算量也会更大,读者可根据实际需要自行合理设置). 在厚度边界设置窗口,将玻璃的最小中心厚度设置为 1mm,最大中心厚度设置为 4mm,边缘厚度设置为 1mm. 将空气的最小中心厚度设置为 0.1mm,最大中心厚度设置为 1000mm,边缘厚度设置为 1mm. 设置完成后单击"确定". 在生成的操作数列表中,在 DMFS 这一行上方插入 3 行空白操作数,如图 7.36 所示,依次输入"ISNA"(即像方数值孔径操作数,将其目标值设置为 0.25,意思是控制像方数值孔径为 0.25)、"REAY"(即实像高操作数,将面 1 这个参数设置为 8,即将优化像面上的像高,将 Hy 这个参数设置为 1,即将优化最大视场的像高,将目标值设置为−0.9mm,负号表示控制像面的像为倒立)和"TTHI"(将面 1 设置为 0,面 2 设置为 7,将 TTHI 目标值设置为 195,意思是控物像共轭距为 195mm). 评价函数编辑器设置完成后,刷新并关闭函数编辑器窗口.

在优化前还需要设置变量,在此,将所有透镜的表面曲率半径和厚度设置为变量. 刷新结构后,在优化菜单栏中单击"优化",在弹出的优化窗口中单击"开始",即可开始进行优化,优化完成后单击"退出"关闭优化窗口. 打开优化后的系统的标准点列图,如图 7.37 所示,可以看出来,像面上的光斑 RMS 半径均明显小于实验要求的 4μm,优化结束. 图 7.38 和图 7.39 所示分别为优化后的物镜的镜头编辑器数据和 2D 视图.

图 7.35　评价函数编辑器的优化向导设置窗口

	类型	面1	面2	-	-	-	-		目标	权重	评估	%贡献
1	ISNA								0.25	1.0000	2.4376E-1	0.0027
2	REAY	8	2	0.0000	1.0000	0.0000	0.0000		-9.0000E-1	1.0000	-8.9357E-1	0.0029
3	TTHI	0	7						195	1.0000	1.9381E+2	99.9534
4	DMFS											
5	BLNK	序列评价函数 类型:RMS标准点列图参考:主光线 高斯求积3环6臂										
6	BLNK	默认玻璃及空气厚度边界约束										
7	MNCA	0	7						0.1	1.0000	1.0000E-1	0.0000
8	MXCA	0	7						1000	1.0000	1.0000E+3	0.0000
9	MNEA	0	7	0.0000					1	1.0000	9.7640E-1	0.0391
10	MNCG	0	7						1	1.0000	1.0000E+0	0.0000
11	MXCG	0	7						4	1.0000	4.0000E+0	0.0000
12	MNEG	0	7	0.0000				0	1	1.0000	1.0000E+0	0.0000
13	BLNK	操作数对应视场1										
14	TRAD		1	0.0000	0.0000	0.3357	0.0000		0	0.0970	7.0908E-4	0.0000
15	TRAE		1	0.0000	0.0000	0.3357	0.0000		0	0.0970	0	0.0000
16	TRAD		1	0.0000	0.0000	0.7071	0.0000		0	0.1551	-2.8690E-5	0.0000
17	TRAE		1	0.0000	0.0000	0.7071	0.0000		0	0.1551	0	0.0000
18	TRAD		1	0.0000	0.0000	0.9420	0.0000		0	0.0970	7.3171E-1	0.0004

图 7.36　评价函数编辑器中的操作数列表

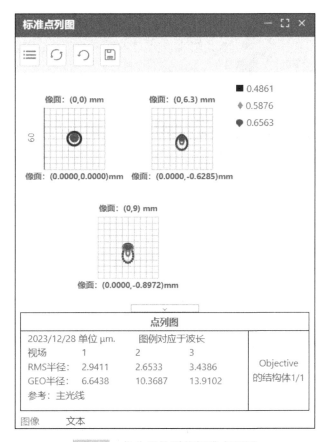

图 7.37　优化后的系统标准点列图

镜头编辑器

表面7属性

	表面类型		标注	曲率半径	厚度	材料	膜层	净口径	机械半直径	
0	物面	标准面		inf	166.9188 V		0	9.0000	9.0000	0.0
1	光阑	标准面		inf	0.3758 V		0	4.1743	4.1743	0.0
2		标准面		14.7847 V	3.8265 V	K5	0	4.2533	4.2533	0.0
3		标准面		-10.2670 V	1.5256 V	F2	0	4.1337	4.2533	0.0
4		标准面		-86.0857 V	9.4251 V		0	4.0836	4.2533	0.0
5		标准面		12.9453 V	3.6293 V	K5	0	3.4397	3.4397	0.0
6		标准面		-6.4722 V	1.0796 V	F2	0	3.1173	3.4397	0.0
7		标准面		-21.4499 V	8.2193 V		0	2.9674	3.4397	0.0
8	像面	标准面		inf	-		0	0.9126	0.9126	0.0

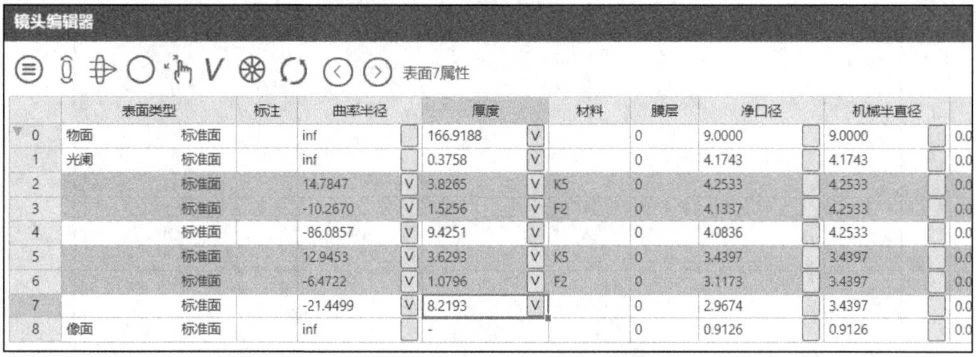

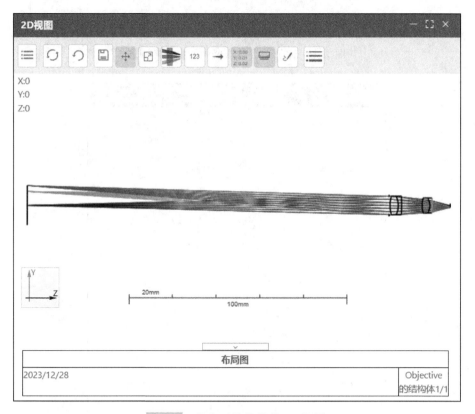

图 7.38　优化后的物镜的镜头编辑器数据

图 7.39　优化后的物镜的 2D 视图

第三步，物镜的翻转.

由于物镜的设计用的是逆向设计法，因此，其在与目镜接合前还需要进行结构翻转. 接下来介绍如何在软件中翻转设计好的物镜.

首先，在镜头编辑器中去除所有变量，操作如图 7.40 所示，即单击镜头编辑器窗口上方的"V"标识按钮展开变量操作窗口,选择"移除所有变量".接着,将所有的净口径设置为固定,操作如图 7.41 所示,即单击镜头编辑器窗口上方的"○"标识按钮展开孔径操作窗口,选择"将半直径转化为表面孔径".

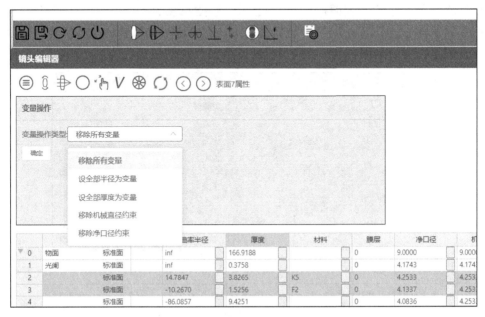

图 7.40 去除镜头编辑器中所有变量

图 7.41 将所有的净口径设置为固定

然后，在镜头编辑器窗口顶部快捷按钮栏中单击反向排列元件按钮(从左边数第二个按钮)展开反向排列元件操作窗口，如图 7.42 所示，将起始面设置为面 1，终止面设置为面 7，即固定物面和像面不动，只将镜头翻转. 单击"确定"翻转后，需要将物距和像距的数值调换. 同时，还需要修改系统的孔径类型为光阑尺寸浮动，并将系统的第二、第三视场的 Y 值分别改为 0.63mm 和 0.9mm. 由于在翻转镜头的时候光阑没有对应地跟随表面翻转，故需要将面 7 手动设置为光阑，如图 7.43 所示，

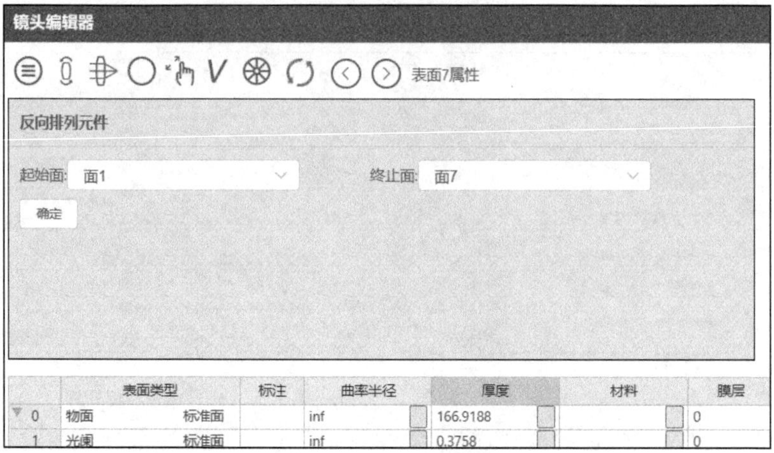

图 7.42　翻转物镜

图 7.43　光阑面设置

选定面 7，单击镜头编辑器窗口快捷按钮栏中的表面属性按钮（从左边数第一个按钮），勾选"设置为光阑"即可. 图 7.44 和图 7.45 所示分别为翻转后的物镜的镜头编辑器数据和 2D 视图.

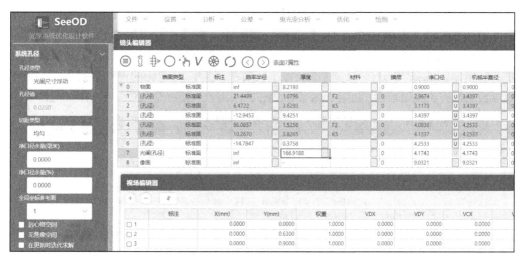

图 7.44　翻转后的物镜的镜头编辑器数据

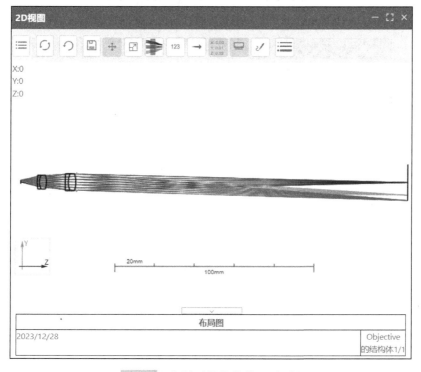

图 7.45　翻转后的物镜的 2D 视图

2) 目镜的优化设计

第一步，目镜初始结构的建模.

在 SeeOD 光学设计软件中新建一个空白的镜头项目工程，将该工程命名为 Eye Lens. 展开系统孔径菜单栏，将孔径类型设置为入瞳直径，孔径值设置为 4mm，系统孔径的其他参数按照默认值设置. 打开视场编辑器，视场类型选角度，新增两个视场，并将两个视场的 Y 值分别设置为 15.75°（即 0.707 视场）和 22.5°（即最大视场）. 打开波长编辑器，选择"F,d,C 可见光". 以上设置完成后，将初始的消畸变目镜的初始结构参数输入镜头编辑器中，如图 7.46 所示. 图 7.47 所示为消畸变目镜初始结构的 2D 视图.

	表面类型	标注	曲率半径	厚度	材料	膜层	净口径	机械半直径	
▽ 0	物面	标准面	inf	inf		0	inf	inf	0.0
1	光阑	标准面	inf	22.0000		0	0.6250	0.6250	0.0
2		标准面	inf	6.5000	BAK1	0	9.7377	10.7787	0.0
3		标准面	-25.8000	0.5000		0	10.7787	10.7787	0.0
4		标准面	36.2000	11.0000	K5	0	11.4363	11.9455	0.0
5		标准面	-17.8000	1.5000	F2	0	11.3092	11.9455	0.0
6		标准面	17.8000	11.0000	K5	0	11.5547	11.9455	0.0
7		标准面	-36.2000	13.6000		0	11.9455	11.9455	0.0
8	像面	标准面	inf	-		0	11.1242	11.1242	0.0

图 7.46　消畸变目镜初始结构的镜头编辑器数据

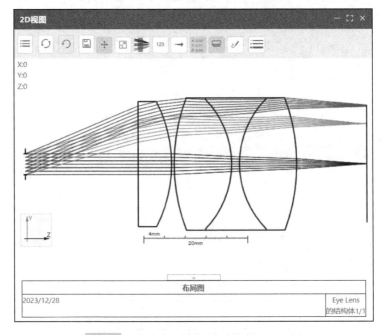

图 7.47　消畸变目镜初始结构的 2D 视图

　　由于目标显微目镜的视放大倍数为 10，故其焦距为 25mm. 前面设计的物镜的像高为 9mm，因此可以计算出目标显微目镜的最大半视场为 20°. 另外，由于物镜（正向）的像方数值孔径为 0.025，因此，根据光学设计经验公式（即 10 倍目镜（逆向）的入瞳直径为目镜的焦距 $f_目$ 与物镜像方数值孔径的 2 倍的比值）计算可得目镜（逆向）的入瞳直径为 1.25mm.

　　将如图 7.46 所示的初始目镜的焦距缩放到 25mm，并将入瞳直径改为目标值 1.25mm，在视场编辑器窗口新增两个视场，即 14° 和 20° 视场.

　　图 7.48～图 7.50 所示分别为按照目标参数修改后的消畸变目镜的镜头编辑器

镜头编辑器

		表面类型	标注	曲率半径	厚度	材料	膜层	净口径	机械半直径	
0	物面	标准面		inf	inf		0	inf	inf	0.000
1	光阑	标准面		inf	19.6475		0	0.6250	0.6250	0.000
2		标准面		inf	5.8049	BAK1	0	8.7633	9.6860	0.000
3		标准面		-23.0411	0.4465		0	9.6860	9.6860	0.000
4		标准面		32.3290	9.8237	K5	0	10.2723	10.7036	0.000
5		标准面		-15.8966	1.3396	F2	0	10.1522	10.7036	0.000
6		标准面		15.8966	9.8237	K5	0	10.3626	10.7036	0.000
7		标准面		-32.3290	12.1457		0	10.7036	10.7036	0.000
8	像面	标准面		inf	-		0	9.9399	9.9399	0.000

图 7.48　按照目标参数修改后的消畸变目镜的镜头编辑器数据

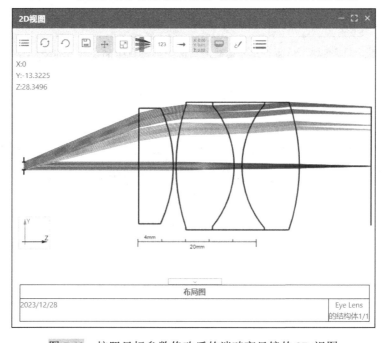

图 7.49　按照目标参数修改后的消畸变目镜的 2D 视图

数据、2D 视图和像面上的标准点列图. 可以看出来, 20° 及以内的视场在像面上的光斑 RMS 半径均满足实验要求的不超过 30μm. 因此, 对初始结构直接缩放后无需优化就可以直接使用.

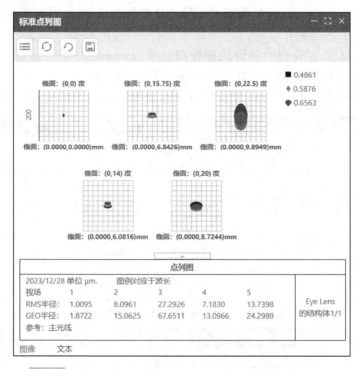

图 7.50　按照目标参数修改后的消畸变目镜的标准点列图

第二步, 目镜的翻转.

由于目镜的设计同样也是用的逆向设计法, 因此, 其在与物镜接合前还需要进行结构翻转. 可参考物镜的翻转方法翻转目镜. 翻转后的目镜的镜头编辑器数据和 2D 视图分别如图 7.51 和图 7.52 所示. 这里需要注意的是, 翻转后, 除了需要将物

	表面类型	标注	曲率半径		厚度		材料	膜层	净口径	机械半直径	
▼ 0	物面	标准面		inf		12.1457			0	9.0000	9.0000	
1	(孔径)	标准面		32.3290		9.8237		K5	0	10.7036	U 10.7036	
2	(孔径)	标准面		-15.8966		1.3396		F2	0	10.3626	U 10.7036	
3	(孔径)	标准面		15.8966		9.8237		K5	0	10.1522	U 10.7036	
4	(孔径)	标准面		-32.3290		0.4465			0	10.2723	U 10.7036	
5	(孔径)	标准面		23.0411		5.8049		BAK1	0	9.6060	U 9.6860	
6	(孔径)	标准面		inf		19.6475			0	8.7632	U 9.6860	
7	光阑(孔径)	标准面		inf		0.0000			0	0.6250	U 0.6250	
8	像面	标准面		inf		-			0	0.7875	0.7875	

图 7.51　翻转后的目镜的镜头编辑器数据

距设置为翻转前的像距外，为了显示方便，将像距设置为 0，而不是无穷远. 另外，还需要将视场类型设置为物高，其中 0.707 视场的物高为 6.3mm，最大视场的物高为 9mm，与正向的显微物镜系统的像高匹配.

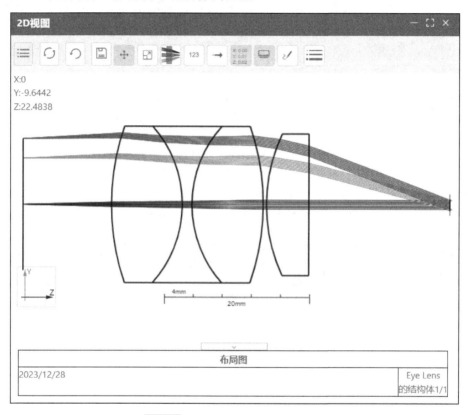

图 7.52　翻转后的目镜的 2D 视图

3) 物镜和目镜的组合

再次打开翻转后的物镜系统，将翻转后的目镜的各个面粘贴在翻转后的物镜的像面后面. 具体做法为：在目镜的系统界面，选中显微目镜除像面之外的所有面(与在 Excel 里面选中不同的行的操作方法一样)，然后同时按下键盘的"Ctrl"和"C"键，复制所选的目镜的 7 个面，接着，来到物镜系统界面，选定物镜的像面，同时按下键盘的"Ctrl"和"V"键，即可将目镜除像面之外的所有面插入物镜像面前，完成物镜和目镜在软件中的接合. 接合后的 100 倍显微系统的镜头编辑器数据如图 7.53 所示. 图 7.54 所示为整个 100 倍显微系统的 2D 视图. 至此，满足实验要求的 100 倍显微镜设计完毕.

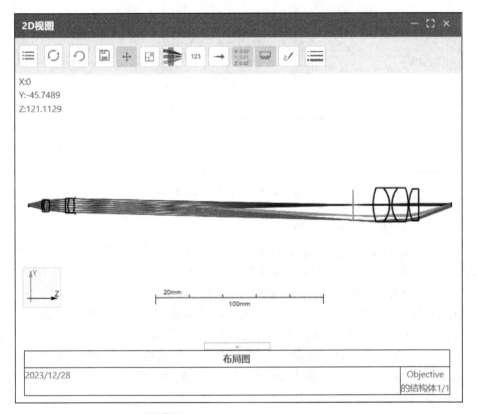

	表面类型	标注	曲率半径	厚度	材料	膜层	净口径	机械半直径	
0	物面	标准面	inf	8.2193		0	0.9000	0.9000	0.00
1	(孔径)	标准面	21.4499	1.0796	F2	0	2.9674	3.4397 U	0.00
2	(孔径)	标准面	6.4722	3.6293	K5	0	3.1173	3.4397 U	0.00
3	(孔径)	标准面	-12.9453	9.4251		0	3.4397	3.4397 U	0.00
4	(孔径)	标准面	86.0857	1.5256	F2	0	4.0836	4.2533 U	0.00
5	(孔径)	标准面	10.2670	3.8265	K5	0	4.1337	4.2533 U	0.00
6	(孔径)	标准面	-14.7847	0.3758		0	4.2533	4.2533 U	0.00
7	光阑(孔径)	标准面	inf	166.9188		0	4.1743	4.1743	0.00
8		标准面	inf	12.1457		0	9.0321	9.0321	0.00
9		标准面	32.3290	9.8237	K5	0	10.0419	10.0419	0.00
10		标准面	-15.8966	1.3396	F2	0	9.7427	10.0419	0.00
11		标准面	15.8966	9.8237	K5	0	9.6682	10.0419	0.00
12		标准面	-32.3290	0.4465		0	9.8670	10.0419	0.00
13		标准面	23.0411	5.8049	BAK1	0	9.4295	9.4295	0.00
14		标准面	inf	19.6475		0	8.5705	9.4295	0.00
15		标准面	inf	0.0000		0	1.2859	1.2859	0.00
16	像面	标准面	inf	-		0	1.2859	1.2859	0.00

图 7.53　物镜和目镜接合后的镜头编辑器数据

图 7.54　100 倍显微系统的 2D 视图

【实验小结】

　　(1)通过本实验的学习和实践操作，可以了解和掌握使用 Zemax 和 SeeOD 光学设计软件优化设计显微物镜、显微目镜和显微系统的原理和方法；

　　(2)通过对比使用 Zemax 和 SeeOD 光学设计软件优化设计显微物镜、显微目镜和显微系统的过程可以知道，二者的设计结果基本一致.

【实验扩展】

　　(1)可以在本实验的基础上利用软件中用于系统优化的操作数，进一步优化物镜的系统结构，进一步减小像面上的光斑尺寸，减小像差；

　　(2)优化设计其他倍率和型式的显微物镜和目镜.

【参考文献】

林晓阳. 2014. ZEMAX 光学设计超级学习手册. 北京: 人民邮电出版社.

案例 8　变焦镜头设计

8.1　变焦镜头介绍

按照是否可以手动或自动改变成像系统的焦距可将镜头分为定焦镜头和变焦镜头，在案例 7 和案例 9 中设计的都是定焦镜头. 变焦镜头指的是镜头可以根据实际成像需要改变焦距，实现像的放大、缩小或者局部特写，非常有利于构图. 常用的变焦镜头有监控镜头、摄影镜头、红外探测镜头以及双筒望远镜等.

通常一个成像镜头是由多片透镜组成的，变焦镜头的变焦能力正是通过改变透镜间的距离实现的. 对于一个成像系统来说，其视场角 ω、焦距 f 和像面高度 h 之间的关系为 $\tan\omega = h/f$，由于成像系统像面上的 CCD 或 CMOS 具有固定大小，因此，上面这个关系式中，像面高度 h 是固定不变的，如果系统的焦距发生变化，就会引起成像系统的最大视场发生变化，进而改变像面上的像高，实现像自由地放大或缩小.

8.2　变焦镜头设计实验

【实验目的】

(1) 掌握变焦镜头的变焦原理；
(2) 掌握使用 Zemax 光学设计软件优化设计变焦镜头的方法.

【实验要求】

(1) 使用 Zemax 光学设计软件优化设计变焦范围在 75～125mm 的变焦镜头；
(2) 变焦镜头的像面直径为 34mm.

【实验原理和步骤】

本实验将《ZEMAX 光学设计超级学习手册》中的焦距为 98mm 的定焦镜头作为本实验变焦镜头的初始结构. 该结构的入瞳直径为 25mm，像面直径为 34mm.

1. 定焦镜头建模

在 Zemax 光学设计软件中新建一个工程，命名为 Zoom Lens. 展开该工程的系统孔径菜单栏，将孔径类型设置为入瞳直径，孔径值为 25mm. 打开视场编辑器，视场类型选近轴像高，新增两个视场，将两个视场的 Y 值分别设置为 12mm（即 0.707 视场）和 17mm（即最大视场）. 打开波长编辑器，选择"F,d,C 可见光". 以上设置完成后，将该定焦镜头的结构参数输入镜头编辑器中，如图 8.1 所示，可以看出来，该镜头由材料组成相同但表面曲率不同的三个双胶合透镜组成. 该定焦镜头的 2D 视图如图 8.2 所示，标准点列图如图 8.3 所示. 可以看出来，像面上的光斑直径为毫米量级，显然不符合要求.

	表面:类型	标注	曲率半径	厚度	材料	膜层	半直径	圆锥系数	TCE x 1E-
0	物面 标准面 ▾		无限	无限			无限	0.000	0.000
1	标准面 ▾		-187.801	8.000	BK7		16.411	0.000	-
2	标准面 ▾		-98.235	5.000	F2		15.806	0.000	-
3	标准面 ▾		-98.235	14.000			15.480	0.000	0.000
4	光阑 标准面 ▾		无限	14.000			12.350	0.000	0.000
5	标准面 ▾		-178.896	5.000	BK7		14.237	0.000	-
6	标准面 ▾		120.820	5.000	F2		15.017	0.000	-
7	标准面 ▾		120.820	22.000			15.545	0.000	0.000
8	标准面 ▾		130.502	12.000	BK7		21.427	0.000	-
9	标准面 ▾		-53.285	5.000	F2		22.011	0.000	-
10	标准面 ▾		-53.285	105.000			22.613	0.000	0.000
11	像面 标准面 ▾		无限	-			17.922	0.000	0.000

图 8.1　焦距为 98mm 的定焦镜头的初始结构数据

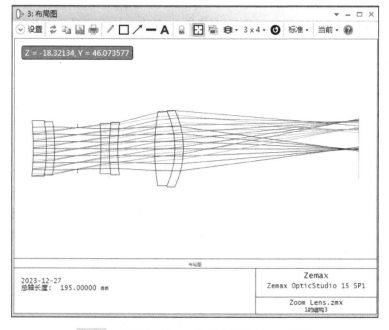

图 8.2　焦距为 98mm 的定焦镜头的 2D 视图

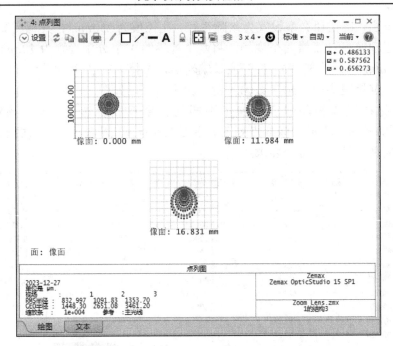

图 8.3　焦距为 98mm 的定焦镜头的标准点列图

2. 变焦镜头的优化设计

一个变焦镜头可以看成由无数个定焦镜头组成，只是这些定焦镜头里面的透镜或者透镜组的间隔不同. Zemax 光学设计软件提供了一个可以优化设计多重结构的功能，即使用多重结构编辑器来有选择性地将空气表面的厚度设置成变量，从而实现系统的变焦功能和结构优化. 按"F7"快捷键或者在软件顶部设置菜单栏中的编辑器栏中打开多重结构编辑器. 在多重结构编辑器窗口插入 2 个结构、3 个操作数. 在本实验中，我们要实现的变焦范围是 75～125mm，可以设置 3 个焦距采样点，即 75mm、100mm 和 125mm，为了得到更好的设计效果，可以设置更多的采样点. 简单又不失普遍性起见，本实验仅设置这 3 个采样点. 因此多重结构编辑器中的 3 个结构，即结构 1、结构 2 和结构 3，将分别对应焦距为 75mm、100mm 和 125mm 的成像系统(不同的成像系统中的透镜参数都一样，只是它们的 3、4、7 和 10 面的厚度不同)，从图 8.1 和图 8.2 中可以看出来，3、4、7 和 10 这四个面是空气面，因此在多重结构编辑器中将这 4 个面的厚度设置成变量，如图 8.4 所示. 可以看到，在结构 1 右上角有个 * 号，这表示当前系统显示在结构 1 下.

将多重结构编辑器中所有结构的厚度设置为变量，这里的变量是私有变量，即在执行优化的时候，三个不同焦距的系统的这四个面的厚度变化将是不同的. 同时，也可以看出来，在多重结构编辑器中共有 12 个变量.

图 8.4　多重结构编辑器窗口

在镜头数据编辑器中，将所有的半径和剩下的厚度设置为变量，在这里，这些变量为公有变量，即对于三个结构来说，在执行优化的时候，这些公有变量的变化情况是一样的.

打开评价函数编辑器，在优化向导窗口中，如图 8.5 所示，将优化函数的类型设置为 RMS，标准设置为光斑半径，参考设置为主光线. 光瞳采样类型选高斯求积，

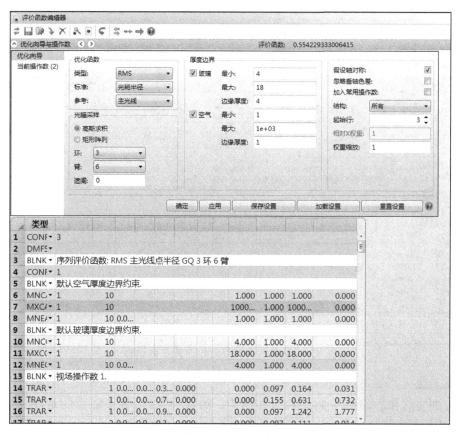

图 8.5　评价函数编辑器操作数列表

并按照默认设置 3 环 6 臂(要想使得计算更加准确,可以设置更高的环臂数量,但是同时计算量也会更大,读者可根据实际需要自行合理设置). 在厚度边界设置窗口,将玻璃的最小中心厚度设置为 4mm,最大中心厚度设置为 18mm,边缘厚度设置为 4mm. 将空气的最小中心厚度设置为 1mm,最大中心厚度设置为 1000mm,边缘厚度设置为 1mm. 设置完成后单击"确定". 在生成的操作数列表中,在 CONF 这一行上方插入 6 行空白操作数,并依次输入三组 CONF 和 EFFL 操作数,即结构操作数和有效焦距操作数,如图 8.6 所示,将这三个结构操作数的结构编号依次设置为 1、2 和 3,将每个结构对应的有效焦距操作数的焦距值也按照结构 1 对应的焦距 75mm、结构 2 对应的焦距 100mm、结构 3 对应的焦距 125mm 输入评价函数编辑器中,并将每个有效焦距操作数的权重设置为 1. 评价函数编辑器设置完成后,刷新并关闭评价函数编辑器窗口.

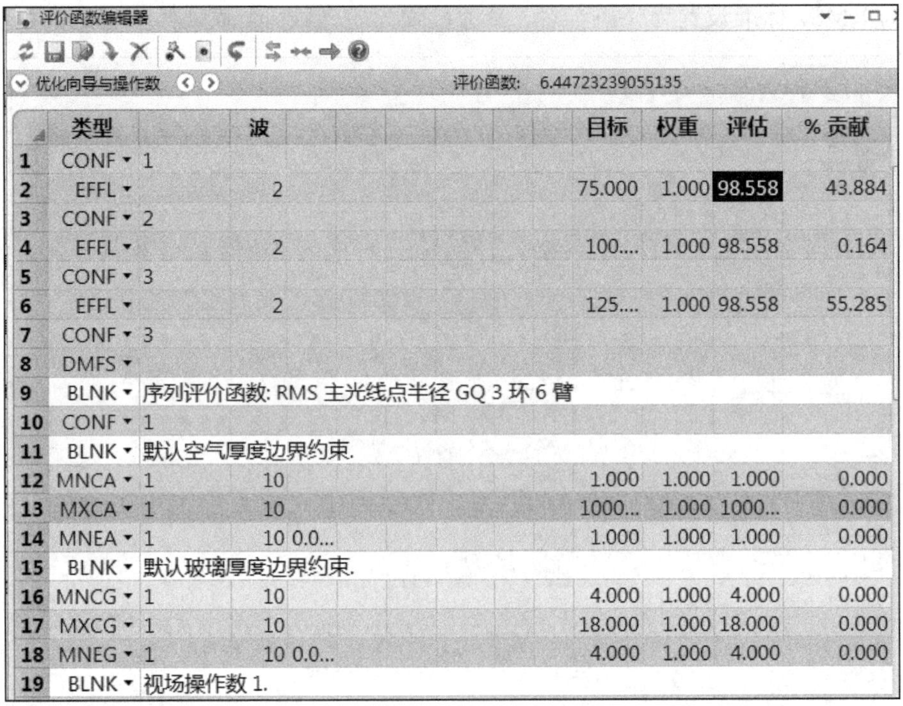

	类型		波		目标	权重	评估	% 贡献
1	CONF ▾ 1							
2	EFFL ▾		2		75.000	1.000	98.558	43.884
3	CONF ▾ 2							
4	EFFL ▾		2		100....	1.000	98.558	0.164
5	CONF ▾ 3							
6	EFFL ▾		2		125....	1.000	98.558	55.285
7	CONF ▾ 3							
8	DMFS ▾							
9	BLNK ▾	序列评价函数: RMS 主光线点半径 GQ 3 环 6 臂						
10	CONF ▾ 1							
11	BLNK ▾	默认空气厚度边界约束.						
12	MNCA ▾	1	10		1.000	1.000	1.000	0.000
13	MXCA ▾	1	10		1000...	1.000	1000...	0.000
14	MNEA ▾	1	10 0.0...		1.000	1.000	1.000	0.000
15	BLNK ▾	默认玻璃厚度边界约束.						
16	MNCG ▾	1	10		4.000	1.000	4.000	0.000
17	MXCG ▾	1	10		18.000	1.000	18.000	0.000
18	MNEG ▾	1	10 0.0...		4.000	1.000	4.000	0.000
19	BLNK ▾	视场操作数 1.						

图 8.6　多重结构的有效焦距操作数设置

单击优化菜单中的"执行优化"按钮,开始进行多重结构的优化. 图 8.7～图 8.9 所示分别为优化后的结构 1、结构 2 和结构 3 的镜头数据. 需要注意的是,从图 8.7～图 8.9 中可以发现,每个结构的半直径右边都有一个"M"符号标识,这是因为,在进行多重结构优化的时候,优化过程中光阑的位置不同将导致优化完成后每个结构的口径不同,这显然与实际情况不符,所以在软件中将半直径的求解类型设置成了最大.

镜头数据

表面 11 属性　　结构 1/3

	表面:类型		标注	曲率半径	厚度	材料	膜层	半直径	圆锥系	TCE x 1E-
0	物面	标准面		无限	无限			无限	0.0...	0.000
1		标准面		64.857 V	11.746 V	BK7		23.978 M	0.0...	-
2		标准面		-85.522 V	16.023 V	F2		22.998 M	0.0...	-
3		标准面		-1432.214 V	1.000 V			19.062 M	0.0...	0.000
4	光阑	标准面		无限	1.376 V			10.907 M	0.0...	0.000
5		标准面		-157.313 V	4.000 V	BK7		15.101 M	0.0...	-
6		标准面		67.720 V	5.156 V	F2		15.836 M	0.0...	-
7		标准面		181.908 V	19.164 V			16.191 M	0.0...	0.000
8		标准面		71.483 V	13.729 V	BK7		16.866 M	0.0...	-
9		标准面		-22.843 V	4.000 V	F2		17.112 M	0.0...	-
10		标准面		-52.490 V	50.006 V			18.150 M	0.0...	0.000
11	像面	标准面		无限	-			17.165 M	0.0...	0.000

图 8.7　结构 1(焦距为 75mm)的镜头数据

镜头数据

表面 11 属性　　结构 2/3

	表面:类型		标注	曲率半径	厚度	材料	膜层	半直径	圆锥系	TCE x 1E-
0	物面	标准面		无限	无限			无限	0.0...	0.000
1		标准面		64.857 V	11.746 V	BK7		23.978 M	0.0...	-
2		标准面		-85.522 V	16.023 V	F2		22.998 M	0.0...	-
3		标准面		-1432.214 V	29.612 V			19.062 M	0.0...	0.000
4	光阑	标准面		无限	31.920 V			10.907 M	0.0...	0.000
5		标准面		-157.313 V	4.000 V	BK7		15.101 M	0.0...	-
6		标准面		67.720 V	5.156 V	F2		15.836 M	0.0...	-
7		标准面		181.908 V	1.000 V			16.191 M	0.0...	0.000
8		标准面		71.483 V	13.729 V	BK7		16.866 M	0.0...	-
9		标准面		-22.843 V	4.000 V	F2		17.112 M	0.0...	-
10		标准面		-52.490 V	29.121 V			18.150 M	0.0...	0.000
11	像面	标准面		无限	-			17.165 M	0.0...	0.000

图 8.8　结构 2(焦距为 100mm)的镜头数据

镜头数据

表面 11 属性　　结构 3/3

	表面:类型		标注	曲率半径	厚度	材料	膜层	半直径	圆锥系	TCE x 1E-
0	物面	标准面		无限	无限			无限	0.0...	0.000
1		标准面		64.857 V	11.746 V	BK7		23.978 M	0.0...	-
2		标准面		-85.522 V	16.023 V	F2		22.998 M	0.0...	-
3		标准面		-1432.214 V	30.868 V			19.062 M	0.0...	0.000
4	光阑	标准面		无限	59.773 V			10.907 M	0.0...	0.000
5		标准面		-157.313 V	4.000 V	BK7		15.101 M	0.0...	-
6		标准面		67.720 V	5.156 V	F2		15.836 M	0.0...	-
7		标准面		181.908 V	1.000 V			16.191 M	0.0...	0.000
8		标准面		71.483 V	13.729 V	BK7		16.866 M	0.0...	-
9		标准面		-22.843 V	4.000 V	F2		17.112 M	0.0...	-
10		标准面		-52.490 V	9.948 V			18.150 M	0.0...	0.000
11	像面	标准面		无限	-			17.165 M	0.0...	0.000

图 8.9　结构 3(焦距为 125mm)的镜头数据

图 8.10～图 8.12 所示分别为优化后的结构 1、结构 2 和结构 3 像面上的标准点列图. 从图 8.10～图 8.12 中可以看出，优化后，像面上的光斑 RMS 半径降到了几十

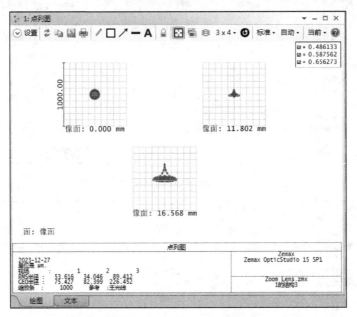

图 8.10　结构 1(焦距为 75mm)的标准点列图

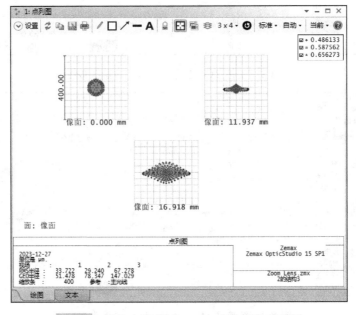

图 8.11　结构 2(焦距为 100mm)的标准点列图

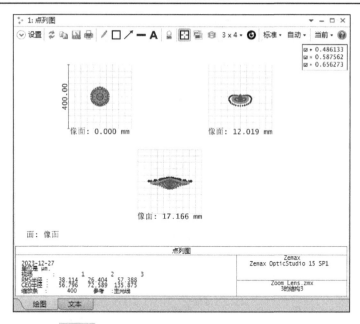

图 8.12　结构 3（焦距为 125mm）的标准点列图

微米的大小，可见系统的成像质量得到了大幅提升，如果想进一步提升系统的成像质量，可以在评价函数编辑器窗口设置其他像差操作数再次优化.

打开系统的三维布局图窗口，展开设置窗口，如图 8.13 所示，将结构设置为"所有"，将偏移的 Y 值设置为 60mm，单击"确定"，就可以得到自上向下排列的三个结构的三维布局图，如图 8.14 所示.

图 8.13　多重结构三维布局图参数设置

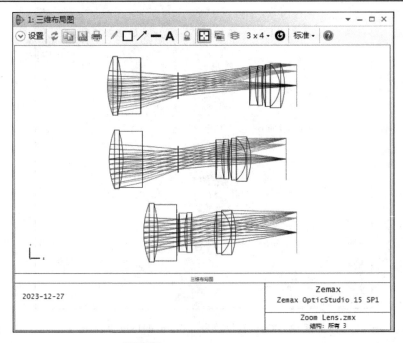

图 8.14　多重结构三维布局图

至此, 75～125mm 范围变焦的方法已经介绍完毕.

【实验小结】

通过本实验的学习和实践操作,可以了解和掌握使用 Zemax 光学设计软件优化设计变焦镜头的方法.

【实验扩展】

可以在本实验的基础上利用软件中用于系统优化的操作数,优化设计系统结构,进一步减小像面上的光斑尺寸,减小像差.

【参考文献】

林晓阳. 2014. ZEMAX 光学设计超级学习手册. 北京: 人民邮电出版社.

案例9 全息光波导设计

9.1 全息光波导介绍

目前，增强现实(AR)技术已经在教育、医疗、娱乐和军事训练等领域发挥重要的作用. 在 AR 光机设计中，有两个关键的技术，一个是光机小型化，另一个是如何有效地控制光波并将其导引至人眼的视觉系统. 当前，融合全息技术和平面波导技术的全息光波导为这两个技术提供了完美的解决方案，并成为 AR 光机的核心部件之一. 全息光波导现已广泛应用在各类工业和消费级 AR 智能眼镜、单兵作战头盔和车载平视显示器(HUD)等商用产品.

9.2 全息光波导设计实验

【实验目的】

(1)掌握全息光波导的工作原理；

(2)掌握使用 Zemax 光学设计软件进行全息光波导建模和优化设计的方法.

【实验要求】

(1)全息光波导的出瞳距为 15mm，出瞳直径为 4mm，全视场为 16°；

(2)光波导的厚度为 6mm，材料为 PMMA 材质；

(3)像面上的光斑 RMS 半径小于 30μm(逆向设计).

【实验原理和步骤】

1. 全息光波导初始结构建模

本实验拟设计的全息光波导的导光原理如图 9.1 所示. 微显示器上发出的光经光波导全内反射传输，最后由全息元件导出耦合到人眼视觉系统，使得人眼能清晰地看见微显示器上显示的图案. 由于光经全息元件衍射后变为一系列平行光出射，而从微显示器上发出的光可以看做是由无数个点光源组成的，因此，为了便于优化设计，在用光学设计软件建模和优化光波导的时候通常采用逆向设计法，即微显示器作为像面，物面位于无穷远处.

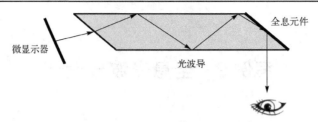

图 9.1　全息光波导的导光原理

打开 Zemax 光学设计软件, 初始界面如图 9.2 所示. 初始界面的顶部为快捷栏菜单区域, 左边为所设计系统的系统参数选项设置区域, 右边默认包含一个镜头编辑窗口. 镜头编辑器窗口主要用于设置所设计系统的面型结构参数. 镜头编辑器窗口默认有三个光学面, 即物面、光阑和像面. 在实际镜头设计的时候, 往往需要在物面和像面之间插入多个光学面.

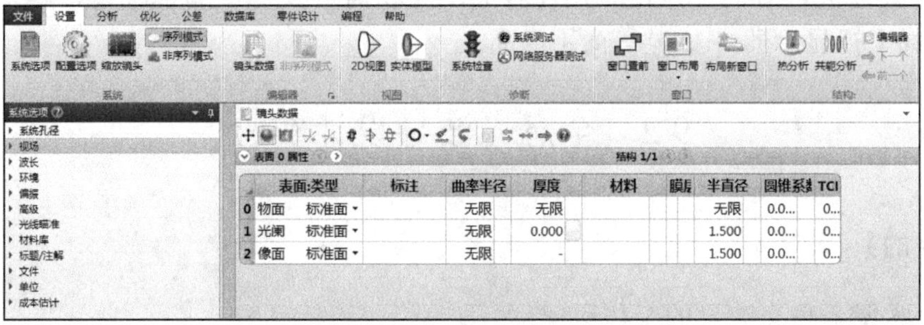

图 9.2　Zemax 光学设计软件初始界面

由于本实验对所设计的全息光波导的指标要求相对较高, 即出瞳直径为 4mm, 全视场角为 16°, 波导厚度为 6mm, 直接根据这些要求来建立初始模型的话, 系统初始像差很大, 优化难度也会很大, 尤其是对初学者来说(读者可以自行利用实验要求的结构直接建模全息光波导的初始结构, 再只进行优化, 并与实验所介绍建模和优化方法进行对比). 因此本实验拟将一个较低技术指标的全息光波导作为初始结构建模, 即先建模一个出瞳直径为 3mm, 全视场角为 10°, 波导厚度为 10mm 的光波导, 然后逐步修改参数和进一步优化, 直至最终得到满足实验要求的结构. 下面分步介绍全息光波导的初始结构建模.

1)设置系统孔径

在图 9.2 所示界面左侧系统参数设置区域的"系统孔径"栏中, 选择孔径类型为入瞳直径, 由于本实验采用逆向设计法设计全息光波导, 故将孔径值设置为 3(默认单位为 mm), 如图 9.3 所示.

2)设置视场和波长

在图 9.2 所示左侧系统参数设置区域的"视场"栏中, 将视场类型设置为角度,归一化类型设置为径向，然后展开 Add Field 选项，勾选"启用"，添加两个视场，将这两个视场的 Y 方向值分别设置为 5°和−5°，如图 9.4 所示. 软件默认初始结构使用 0.55μm 的波长，如图 9.5 所示.

图 9.3　系统孔径设置　　　图 9.4　系统视场设置　　　图 9.5　系统波长设置

3) 设置波导结构参数

首先，设置光阑面的厚度为 15mm(因为是逆向设计，所以这里的光阑面的厚度即为实验要求的 15mm 的出瞳距离)，然后，在光阑面后面插入两个面，如图 9.6 所示，插入的第一个面为平面光波导的左侧面，其曲率半径为无穷大(即无限)，厚度为 5mm，材料设置为 PMMA，插入的第二个面为全息面，其半径同样为无穷大，厚度为−5mm，因其要反射入射在其上面的光，所以其厚度为负值，且其材质设置为 MIRROR(反射镜).

	表面:类型	标注	曲率半径	厚度	材料	膜层	半直径	圆锥系	TCI
0	物面　标准面		无限	无限			无限	0.0...	
1	光阑　标准面		无限	15.000			1.500	0.0...	
2	标准面		无限	5.000	PMMA		2.812	0.0...	
3	标准面		无限	−5.000	MIRROR		3.105	0.0...	
4	像面　标准面		无限	-			3.397	0.0...	

图 9.6　光波导面和全息面设置

在本实验中，全息面需要倾斜放置，才能将光更有效地导出，因此，需要使用倾斜/偏心工具，如图 9.7 所示，将全息图面绕 X 轴旋转 45°. 设置完成后，系统会自动在全息面的前后插入两个坐标间断点，用于实现全息面的旋转，如图 9.8 所示.

图 9.7　全息面旋转设置

	表面:类型	标注	曲率半径	厚度	材料	膜层	半直径	圆锥系数	TCI	X偏心	Y偏心	倾斜X	倾斜Y	倾斜Z
0	物面　标准面 ▾			无限	无限			无限	0.0...	0...					
1	光阑　标准面 ▾			无限	15.000			1.500	0.0...	0...					
2	标准面 ▾			无限	5.000	PMMA		2.812							
3	坐标间断 ▾	元件倾斜			0.000			0.000			0.000	0.000	45.000	0.000	0.000
4	标准面 ▾			无限	0.000	MIRROR		4.663							
5	坐标间断 ▾	元件倾斜...			-5.000			0.000			0.000 P	0.000 P	-45.000 P	0.000 P	0.000 P
6	像面　标准面 ▾			无限				无限							

图 9.8　全息面旋转后的镜头编辑器数据

由于全息图是衍射器件，因此，需要将编号为 4 的面型设置为全息面(设置方法为：点开编号为 4 的表面类型这一栏的下拉框，选择全息面 2). 接下来，需要设置全息面的构造参数，从而定义光束，因为在实际的全息波导中，被全息图衍射的光是一系列平面波的叠加，所以全息面的两个构造光束中，一个是作为入射光的准直光束，另一个是作为出射光的聚焦光束，设置结果如图 9.9 所示. 由于 PMMA 在波长为 0.55nm 处的折射率为 1.49358，故全息面的构造光波的波长为 0.3682nm.

	表面:类型	标注	曲率半	厚度	材料	膜层	半直径	圆锥系	TCI	构建 X1	构建Y1	构建 Z1	结构 X2	结构Y2	结构Z2	构建光波
0	物面　标准面 ▾			无限	无限			无限	0.0...	0...							
1	光阑　标准面 ▾			无限	15.0...			1.500	0.0...	0...							
2	标准面 ▾			无限	5.000	PMMA		2.812									
3	坐标间断 ▾	元件倾斜			0.000			0.000			0.000	0.000	45.000	0.000	0.000	0	
4	全息面2 ▾			无限	0.000	MIRROR		4.663	0.0...		0.000	-1.000E+008	-1.000E+008	0.000	0.000	-100.000	0.368
5	坐标间断 ▾	元件倾...			-5.000			0.000			0.000 P	0.000 P	-45.000 P	0.000 P	0.000 P		
6	像面　标准面 ▾			无限				无限									

图 9.9　全息面构造参数设置

由于来自微显示器的光会在波导内来回全内反射向前传播，故还需要在当前结构中添加数个面来构造全内反射面. 在本实验中，拟插入 4 个平面，材料均为 MIRROR，即反射镜材料. 实验要求光波导的厚度为 10mm，故插入的这几个面的间距都为 5mm. 另外，还需要在像面前额外插入一个面，作为本逆向设计模型的出光面.

为了更好地进行系统设计,需要在新插入的 5 个面和像面前插入坐标断点面(插入坐标断点面的方法为：在这 6 个面前分别插入一个新的面,将其面型修改为坐标间断,方法同全息图 2 的面型设置),并将所有新插入的坐标断点面的 Y 偏心值的求解类型设置为主光线求解,如图 9.10 所示,使得系统每个视场的主光线都位于新插入的 4 个反射面的中心. 图 9.11 所示为当前结构的三维布局图(YZ 侧视图),图 9.12 为像面上的标准点列图,可以看出,该初始结构像差较大,需要优化.

	表面:类型	标注	曲率半径	厚度	材料	膜层	半直径	圆锥系	TCI	X偏心	Y偏心	倾斜X	倾斜Y	倾
0	物面　标准面 ▾		无限	无限			无限	0.0...	0...					
1	光阑　标准面 ▾		无限	15.000			2.000	0.0...	0...					
2	标准面 ▾		无限	3.000	PMMA		4.108	0.0...						
3	坐标间断	元件倾斜	0.000				0.000			0.000	0.000	45.000	0.000	
4	全息面2 ▾		无限	0.000	MIRROR		6.848	0.0...	0...	0.000	-1.000E+008	-1.000E+008	0.000	
5	坐标间断	元件倾斜...		-3.000	-		0.000			0.000 P	0.000 P	-45.000 P	0.000 P	
6	坐标间断			0.000	-		0.000				3.157 C	0.000		
7	标准面 ▾		无限	3.000	MIRROR		9.887	0.0...	0...					
8	坐标间断			0.000	-		0.000				3.157 C	0.000		
9	标准面 ▾		无限	-3.000	MIRROR		9.868	0.0...	0...					
10	坐标间断			0.000	-		0.000				3.157 C	0.000		
11	标准面 ▾		无限	3.000	MIRROR		9.849	0.0...	0...					
12	坐标间断			0.000	-		0.000				3.157 C	0.000		
13	标准面 ▾		无限	-3.000	MIRROR		9.829	0.0...	0...					
14	坐标间断			0.000	-		0.000				3.157 C	25.000		
15	标准面 ▾		无限	-3.000			7.276	0.0...	0...					
16	坐标间断			0.000	-		0.000			0.000	1.957 C	0.000		
17	像面　标准面 ▾		无限				7.254	0.0...	0...					

在图2上的第16个参数解
求解类型：　主光线
视场：　固定
　　　　变量
波长：　抽取
　　　　主光线
　　　　ZPL宏

图 9.10　全内反射面设置

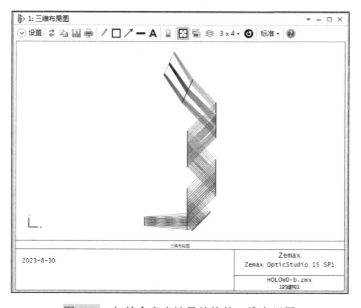

图 9.11　初始全息光波导结构的三维布局图

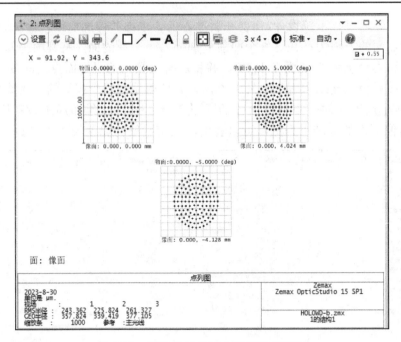

图 9.12　初始结构像面上的标准点列图

2. 全息光波导结构优化

首先，设置优化目标. 打开优化向导，选择优化函数的标准为光斑半径，如图 9.13 所示，即优化像面上的光斑大小. 对于成像光学系统而言，像面上的光斑越小，系统的成像质量越高(注意：后文在每次执行优化的时候，均优化最小光斑半径). 单击图 9.13 窗口底部的"确定"按钮，即可自动生成一系列用于优化像面上光斑半径的默认操作数.

图 9.13　系统评价函数编辑器设置

其次, 设置变量. 将全息面的结构 $Z2$ 参数的求解类型设置为变量求解.

最后, 单击"优化"按钮, 进行系统优化. 图 9.14 和图 9.15 分别为优化后的三维布局图和像面上的标准点列图, 可以看出来, 每个视场的光斑 RMS 半径都小于 $45\mu m$, 系统成像质量大大提升. 当前优化后的结构将作为实验要求的目标系统的初始结构来进一步优化, 直到满足实验要求.

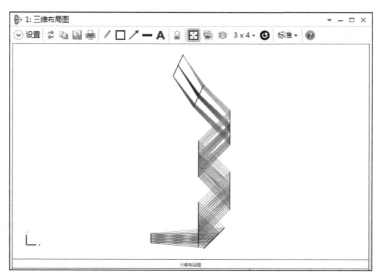

图 9.14　初始结构优化后的系统三维布局图

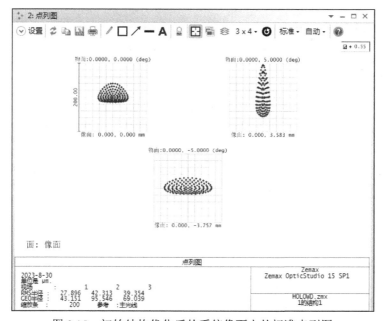

图 9.15　初始结构优化后的系统像面上的标准点列图

按照实验要求，在软件左侧系统参数设置区域将图 9.14 所示结构的系统的入瞳直径修改为 4mm，最大半视场修改为 ±8°. 同时，在镜头编辑器里将面 2、5、7、9、11 和 13 的厚度分别修改为 3mm、−3mm、6mm、−6mm、6mm 和 −6mm. 图 9.16 所示为参数修改后的系统三维布局图，可以看出，光斑没有在像面上聚焦，系统劣化. 现在逐步介绍目标全息光波导的优化方法.

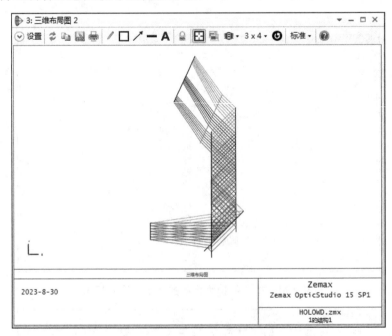

图 9.16　修改为实验要求参数后的系统三维布局图

1) 第一次优化

如图 9.17 所示，保留全息面结构 Z2 的变量求解设置，并将面 3、14 和 16 关于 X 方向的倾斜角度参数（即倾斜 X）的求解类型设置为变量求解（V），执行优化，图 9.18 为优化后的系统三维布局图，可以看出，虽然像面上光斑聚焦，但是在波导两端的光线没有被限制在波导内传输，这就需要进一步地针对这些没能在波导内传输的光线和穿透波导传输的光线进行限制，并根据限制条件优化结构，确保光线遵循物理路径传播.

2) 第二次优化

针对图 9.18（图中 Y 的正方向为竖直向上方向，Z 的正方向为水平向右方向）区域 A 和 B 中那些没有在波导中传输的光线，需要做如下限制：

(1) +8°视场边缘光线交在面 4(4#) 上的全局 Z 坐标要小于面 9(9#) 的全局 Z 坐标，操作数设置见图 9.19 中的第 1~4 行；

表面:类型	标注	曲率半径	厚度	材料	膜层	半直径	圆锥系数	TCI	X偏心	Y偏心	倾斜X	倾斜Y	倾斜Z	顺序
0 物面 标准面		无限	无限			无限	0.0...	0...						
1 光阑 标准面		无限	15.000			2.000	0.0...	0...						
2 标准面		无限	3.000	PMMA		4.108	0.0...							
3 坐标间断	元件倾斜		0.000			0.000			0.000	0.000	45.000 V	0.000	0.000	0
4 全息面2		无限	0.000	MIRROR		6.848	0.0...	0	0.000	-1.000E+008	-1.000E+008	0.000	0.000	-83.424 V
5 坐标间断	元件倾斜		-3.000			0.000			0.000 P	0.000 P	-45.000 P	0.000 P	0.000 P	1
6 坐标间断			0.000			0.000				2.997 C	0.000	0.000	0.000	0
7 标准面		无限	6.000	MIRROR		9.387	0.000							
8 坐标间断			0.000			0.000				5.994 C	0.000	0.000	0.000	0
9 标准面		无限	-6.000	MIRROR		9.162	0.000							
10 坐标间断			0.000			0.000				5.994 C	0.000	0.000	0.000	0
11 标准面		无限	6.000	MIRROR		8.938	0.000							
12 坐标间断			0.000			0.000				5.994 C	0.000	0.000	0.000	0
13 标准面		无限	-6.000	MIRROR		8.714	0.000							
14 坐标间断			0.000			0.000				5.994 C	25.000 V	0.000	0.000	0
15 标准面		无限	-10.000			6.467	0.000							
16 坐标间断			0.000			0.000				5.932 C	0.000	0.000	0.000	0
17 像面 标准面		无限	-			6.102								

图 9.17　第一次优化变量设置

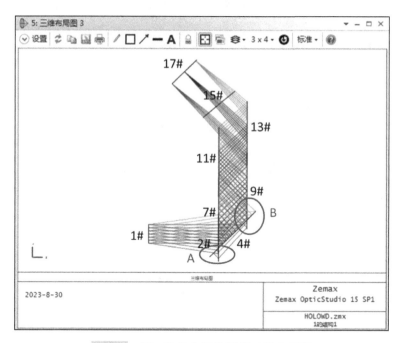

图 9.18　第一次优化后的系统三维布局图

(2) 光线只能由面 2(2#) 指向坐标间断面 3(也即面 4#),操作数设置见图 9.19 第 6 和第 7 行;

(3) +8° 视场边缘光线在面 4(4#) 上的交点需位于 −8° 视场边缘光线经面 7(7#) 反射后的光线的下方,操作数设置见图 9.19 的第 9~20 行.

按照图 9.19 所示设置完成优化操作数后,单击“优化”按钮(注意:没有增删

变量)进行优化. 图 9.20 所示为优化后的系统三维布局图, 可以看出, 波导上端的
光线传播情况有所改善, 但是各视场的光斑明显没有聚焦在像面上, 为了把像面移
到光斑聚焦的位置, 需要移除当前系统的所有变量, 仅将面 15 的厚度设置为变量,
再次执行优化即可, 优化后的系统三维布局图如图 9.21 所示.

	类型	操作数	操作数					目标	权重	评估	% 贡献
1	GLCZ ▾	9						0.000	0.000	21.000	0.000
2	RAGZ ▾	4	1	0.000	1.000	0.000	1.000	0.000	0.000	22.892	0.000
3	DIFF ▾	1	2					0.000	0.000	-1.892	0.000
4	OPGT ▾	3						0.000	1.000	-1.892	51.836
5	BLNK ▾										
6	PLEN ▾	2	3	0.000	-1.000	0.000	-1.0...	0.000	0.000	-1.571	0.000
7	OPGT ▾	6						0.000	1.000	-1.571	35.757
8	BLNK ▾										
9	RAGY ▾	4	1	0.000	1.000	0.000	1.000	0.000	0.000	4.847	0.000
10	RAGZ ▾	4	1	0.000	1.000	0.000	1.000	0.000	0.000	22.892	0.000
11	RAGY ▾	7	1	0.000	-1.000	0.000	-1.0...	0.000	0.000	-5.156	0.000
12	RAGZ ▾	7	1	0.000	-1.000	0.000	-1.0...	0.000	0.000	15.000	0.000
13	DIFF ▾	9	11					0.000	0.000	10.002	0.000
14	DIFF ▾	10	12					0.000	0.000	7.892	0.000
15	RAGB ▾	7	1	0.000	1.000	0.000	1.000	0.000	0.000	0.738	0.000
16	RAGC ▾	7	1	0.000	-1.000	0.000	-1.0...	0.000	0.000	0.675	0.000
17	PROD ▾	13	16					0.000	0.000	6.750	0.000
18	PROD ▾	14	15					0.000	0.000	5.824	0.000
19	DIFF ▾	17	18					0.000	0.000	0.925	0.000
20	OPLT ▾	19						0.000	1.000	0.925	12.406
21	BLNK ▾										
22	DMFS ▾										
23	BLNK ▾	序列评价函数: RMS 质心点半径 GQ 3 环 6 臂									
24	BLNK ▾	非默认空气厚度边界约束.									
25	BLNK ▾	非默认玻璃厚度边界约束.									
26	BLNK ▾	视场操作数 1.									

图 9.19　优化操作数设置

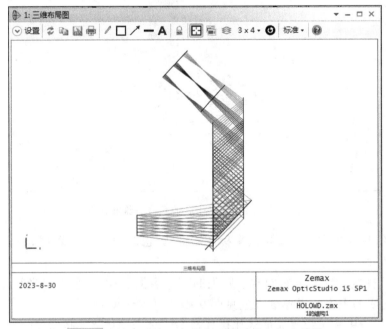

图 9.20　第二次第一步优化后的系统三维布局图

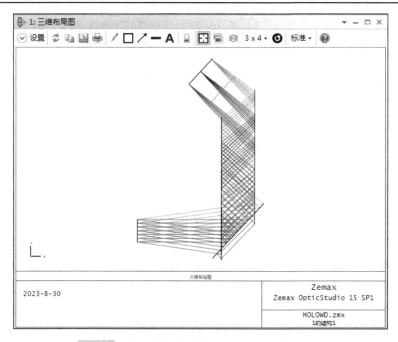

图 9.21　第二次优化结束后的系统三维布局图

3) 第三次优化

将面 15 的厚度变量设置移除，将面 2 的厚度设置为变量，同时将面 5 的厚度求解类型设置为拾取，拾取面 2 的厚度，缩放因子设置为−1，以此来确保全息图的中心位于波导的中心，设置方式如图 9.22 所示. 同时，再次将全息面的结构 Z2 参数

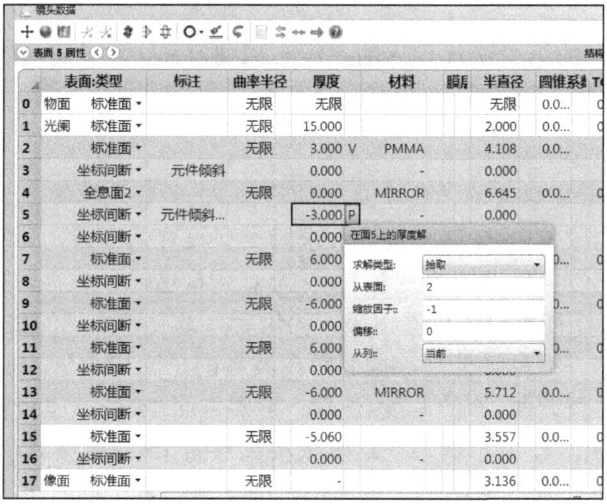

图 9.22　面 5 的厚度求解类型设置

求解类型设置为变量，将面 3、14 和 16 关于 X 方向的倾斜角度参数求解类型设置为变量，执行优化. 优化结束后，将当前的所有变量移除，将面 15 的厚度设置为变量，执行优化，以此将像面移动到光斑聚焦的位置，如图 9.23 所示. 从图 9.23 可以看出，波导顶部的光线传播路径合理，而波导底部全息图位置处的光线传播路径不合理，系统仍需优化.

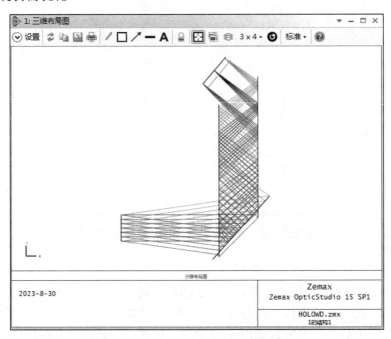

图 9.23　第三次优化结束后的系统三维布局图

由图 9.21 所示的第二次优化后的三维布局图可知，波导两端的光线仍未完全被限制在波导里传播，需要进一步优化.

4) 第四次优化

将面 15 的厚度变量去除，将全息面的结构 $Z2$ 参数求解类型设置为变量，将面 3、14 和 16 关于 X 方向的倾斜角度参数求解类型设置为变量，同时，将全息面的构建 $Y1$ 参数和结构 $Z2$ 参数设置为变量(优化全息图构造光的方向)，执行优化. 图 9.24 所示为优化后的 3D 视图，可以看出来，优化后，光波导中光的传播路径达到最优，满足实际使用要求. 不足之处是，像面距离波导的出光口太近，以至于重叠了，此时，可以通过手动微调面 15 的厚度(注意：不要将面 15 的厚度设置为变量，仅修改厚度值)，逐步优化. 作为示例，在这里依次设置面 15 的厚度为-1.5mm 和-2mm，执行优化，优化前要继续使用上一步优化时的变量设置，同时也设置面 2 的厚度为变量，两次优化结束后，系统的镜头编辑器数据、三维布局图和像面上的标准点列图分别如图 9.25～图 9.27 所示，视场 1 和视场 2 在像面上的光斑 RMS 半径均小于 30μm，满足实验要求，视场 3 在像面上的光斑 RMS 半径为 30.251μm，仅比实验要求的 30μm 多出不到 300nm，可以认为基本满足实验要求. 至此，全息光波导已经设计完成.

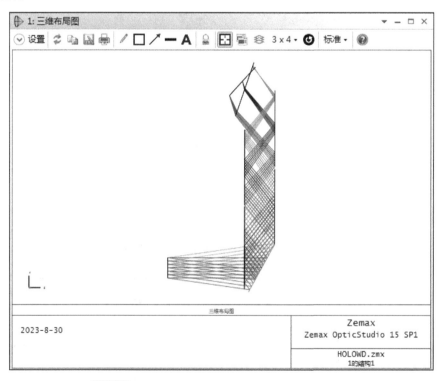

图 9.24　第四次第一步优化后的系统三维布局图

	表面:类型	标注	曲率半径	厚度	材料	膜层	半直径	圆锥系数	TCI	参数 1(未使用)	参数 2(未使用)	参数 3(未使用)	参数 4(未)	参数 5(未使用)	参数 6(未使用)	参数 7(未)	参数
0	物面 标准面 ▾		无限	无限			无限	0.0...									
1	光阑 标准面 ▾		无限	15.000			2.000	0.0...									
2	标准面 ▾		无限	2.808	PMMA		4.108	0.0...									
3	坐标间断 ▾	元件倾斜		0.000			0.000			0.000	0.000	34.359	0.000	0.000	0		
4	全息面2 ▾		无限	0.000	MIRROR		5.657	0.0...		0.000	-1.000E+008	-1.217E+008	0.000	23.467	-47.622	0.368	
5	坐标间断 ▾	元件倾斜		-2.808 P	-		0.000			0.000 P	0.000 P	-34.359 P	0.000 P	0.000 P	1		
6	坐标间断 ▾			0.000	-		0.000				4.190 C	0.000					
7	标准面 ▾		无限	6.000	MIRROR		9.083	0.0...		0.000	8.952 C	0.000	0.000	0.000	0		
8	坐标间断 ▾			0.000	-		0.000				8.952 C	0.000					
9	标准面 ▾		无限	-6.000	MIRROR		8.733	0.0...		0.000	8.952 C	0.000	0.000	0.000	0		
10	坐标间断 ▾			0.000	-		0.000				8.952 C	0.000					
11	标准面 ▾		无限	6.000	MIRROR		8.651	0.0...		0.000	8.952 C	0.000	0.000	0.000	0		
12	坐标间断 ▾			0.000	-		0.000				8.952 C	0.000					
13	标准面 ▾		无限	-6.000	MIRROR		8.827	0.0...		0.000	8.952 C	23.874	0.000	0.000	0		
14	坐标间断 ▾			0.000	-		0.000				8.952 C	23.874					
15	标准面 ▾		无限	-2.000			5.976										
16	坐标间断 ▾			0.000	-		0.000			0.000	2.648 C	29.618	0.000	0.000	0		
17	像面 标准面 ▾		无限	无限			4.057	0.0...									

图 9.25　第四次优化结束后的系统镜头编辑器数据

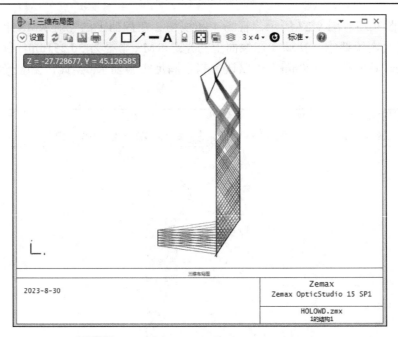

图 9.26　第四次优化结束后的系统三维布局图

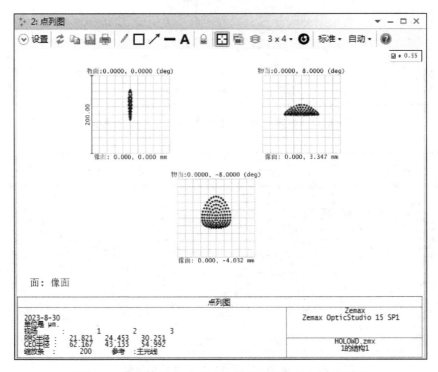

图 9.27　第四次优化结束后的系统像面上的标准点列图

【实验小结】

通过本实验的学习和实践操作，读者可以了解和掌握全息光波导的工作原理和使用 Zemax 光学设计软件优化设计全息光波导的方法.

【实验扩展】

读者可以根据本实验的光波导建模和优化方法来优化设计视场更大、波导厚度更小的全息光波导系统.